できる®

パソコン お引っ越し

Windows 8.1/10 から 11

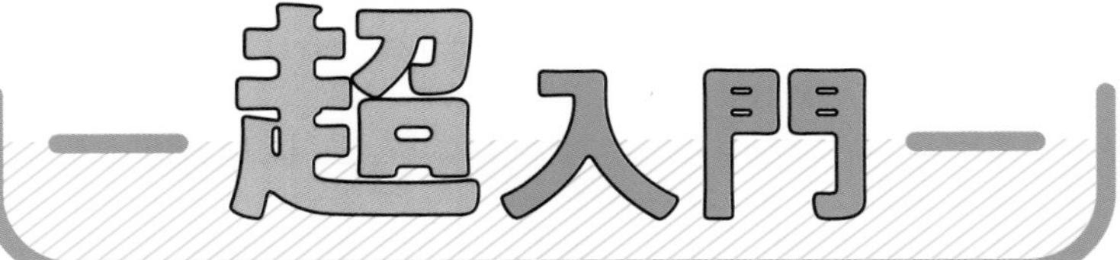

清水理史&できるシリーズ編集部

インプレス

ご購入・ご利用の前に必ずお読みください

本書は、2023年2月現在の情報をもとに「Windows 11」と「Windows 8.1」ならびに、「Microsoft Office 2013」の「Outlook」および「Microsoft Office 2021」の「Outlook」を使った操作方法について解説しています。本書の発行後に「Windows 11」「Windows 8.1 」「Microsoft Office 2021」「Microsoft Office 2013」の機能や操作方法、画面などが変更された場合、本書の掲載内容通りに操作できなくなる可能性があります。なお、「Windows 10」「Microsoft Office 2016」をお使いの場合でも同様にお読みいただけます。
本書発行後の情報については、弊社のWebページ（https://book.impress.co.jp）などで可能な限りお知らせいたしますが、すべての情報の即時掲載ならびに、確実な解決をお約束することはできかねます。
本書の運用により生じる、直接的、または間接的な損害について、著者ならびに弊社では一切の責任を負いかねます。あらかじめご理解、ご了承ください。

本書で紹介している内容のご質問につきましては、巻末をご参照のうえ、お問い合わせフォームかメールにてお問合せください。電話やFAX 等でのご質問には対応しておりません。また、本書の発行後に発生した利用手順やサービスの変更に関しては、お答えしかねる場合があることをご了承ください。

特典動画について

操作を確認できる動画をYouTube動画でご覧いただけます。画面の動きがそのまま見られるので、より理解が深まります。二次元バーコードが読めるスマートフォンなどからはレッスンタイトル横にある二次元バーコードを読むことで直接動画を見ることができます。パソコンなど二次元バーコードが読めない場合は、以下の動画一覧ページからご覧ください。

▼動画一覧ページ

https://dekiru.net/chowin8to11

用語の使い方

本文中では、「Microsoft Windows 11」のことを「Windows 11」、「Microsoft Windows 8.1」のことを「Windows 8.1」、「Microsoft Outlook」のことを、「Outlook」または「アウトルック」、とそれぞれ記述しています。なお、本文中で使用している用語は、基本的に実際の画面に表示される名称に則っています。

本書の前提

本書では「Windows 11」に「Microsoft Office 2021」および「Windows 8.1」に「Microsoft Office 2013」がそれぞれインストールされているパソコンで、インターネットに常時接続されている環境を前提に画面を再現しています。お使いの環境と画面解像度が異なることもありますが、基本的に同じ要領で進めることができます。また、「Windows 10」に「Microsoft Office 2016」がインストールされている環境でも、基本的に同じ要領でお読みいただけます。

まえがき

パソコンに買い替えるときに不安はありませんか？　新しいWindowsを使いこなせるだろうか？　メールやアプリは今まで通り使えるだろうか？　大切な文書や写真はどうすればいいのか？　そう感じている人も少なくないことでしょう。

特に2023年は1月にWindows 8.1のサポートが終了したこともあり、古いパソコンから新しいパソコンへの買い替え需要が高まる時期と言われています。今やパソコンは、仕事や学習、趣味などに欠かせないものとなりつつあるため、買い替えや移行の悩みは深刻なものと言えるでしょう。

本書は、そんなパソコンの買い替えに伴う「引っ越し」、つまり古いパソコンから新しいパソコンへのデータ移行をスムーズに行なう方法を解説した書籍です。文書やメール、設定など、どのようなデータを、どうやって移行すればいいのかを初心者でも理解しやすいように丁寧に解説しています。

また、単に移行するだけでなく、移行した先の新しい環境となるWindows 11の使い方も併せて解説しています。従来のWindowsとの違い、Windows 11ならではの新しい機能などを理解することで、よりパソコンを活用できるようになるでしょう。

本書を手に取ることで、読者のみなさまがパソコンをさらに活用できるようになれば幸いです。

2023年2月　清水理史

本書の読み方

本書は古いパソコンから新しいパソコンへ引っ越しをする方へ向けた入門書です。迷わず安心して操作を進められるよう、紙面は以下のように構成しています。

YouTube動画で見る

QRコードを読み取るとレッスンの操作を動画で見られます。

キーワード

機能名などのキーワードからレッスン内容がわかります。

操作はこれだけ

レッスンで使用する操作を載せています。

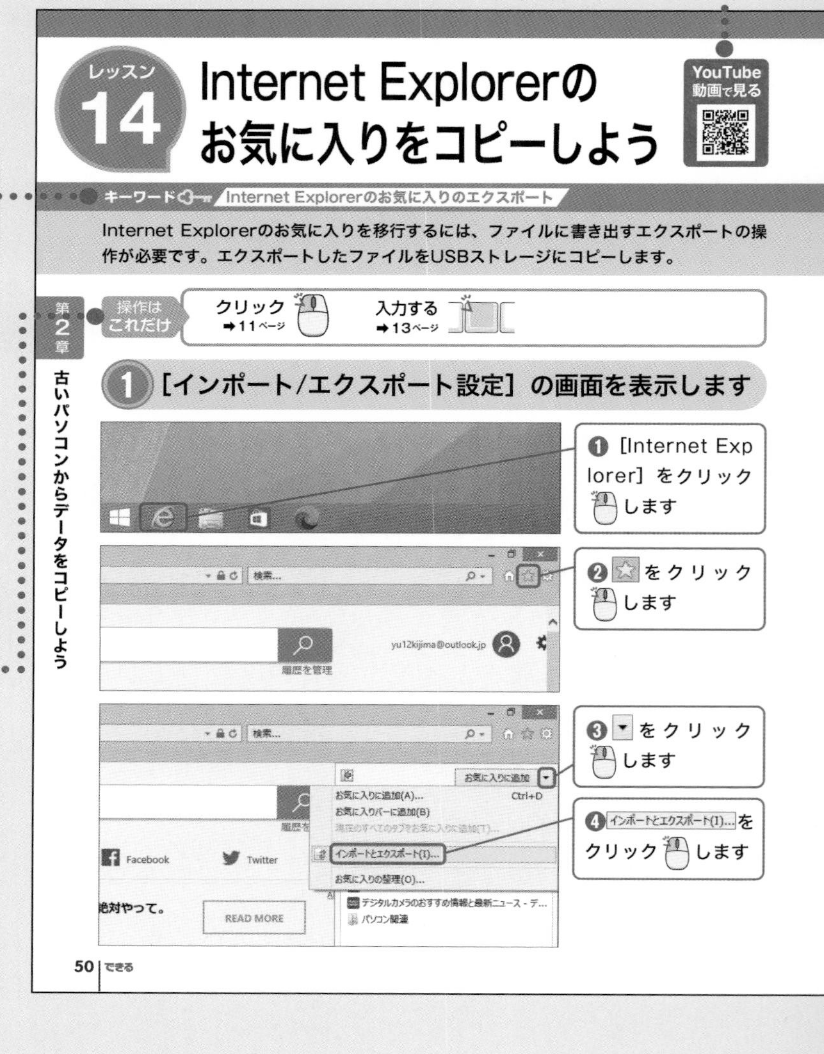

▶読みやすくてわかりやすい

大きな画面をふんだんに使い、大きな文字でわかりやすく丁寧に解説しています。

▶省略せずに全手順を掲載

操作に必要なすべての画面と手順を掲載しているため、迷わず読み進められます。

▶大切な基本もしっかり解説

基礎知識や基本操作をしっかり解説しているため、知識ゼロからでも使いこなせるようになります。

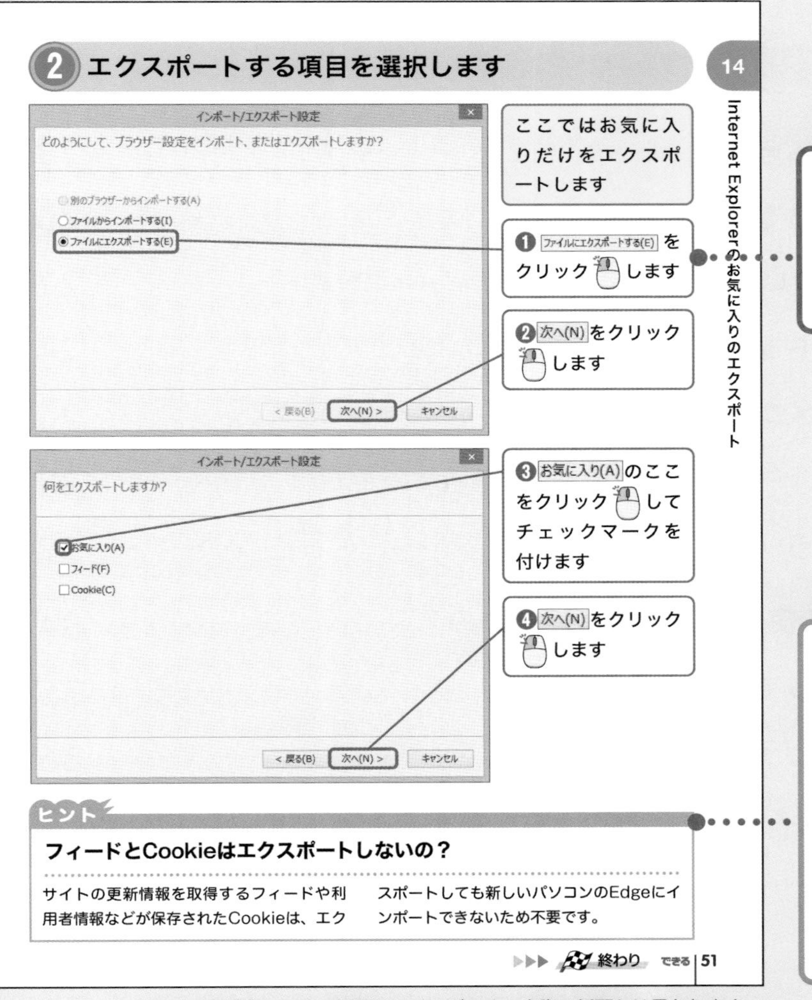

操作説明

実際の操作を説明しています。番号があるときは順に操作してください。

ヒント

レッスンに関連した機能の紹介や、一歩進んだ使いこなしのテクニックを解説しています。この他にも本書ではレッスンに関連する以下の内容を解説しています。

※ここで紹介している紙面はイメージです。実際の紙面とは異なります。

目 次

第2章 古いパソコンからデータをコピーしよう 37

第3章 メールのデータをコピーしよう 59

第4章 新しいパソコンにデータを移そう 75

第7章 便利な機能をおぼえよう 143

本書の特典のご利用について

図書館などの貸し出しサービスをご利用の場合でもYouTube動画はご利用いただくことができます。

パソコンの基本操作

パソコンを使うには、操作を指示するための「マウス」、文字を入力するための「キーボード」について知っておく必要があります。実際にレッスンを読み進める前に、それぞれの名称と操作方法を理解しておきましょう。

マウスの操作方法

●部位の名称

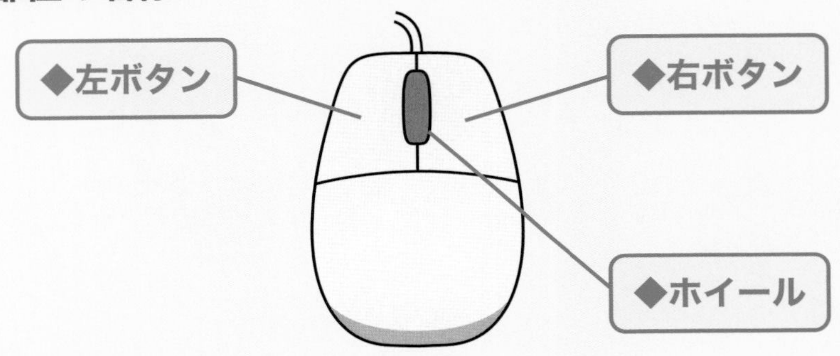

●クリック

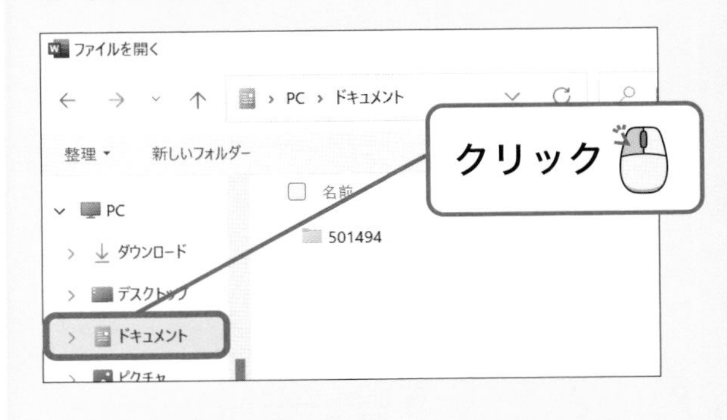

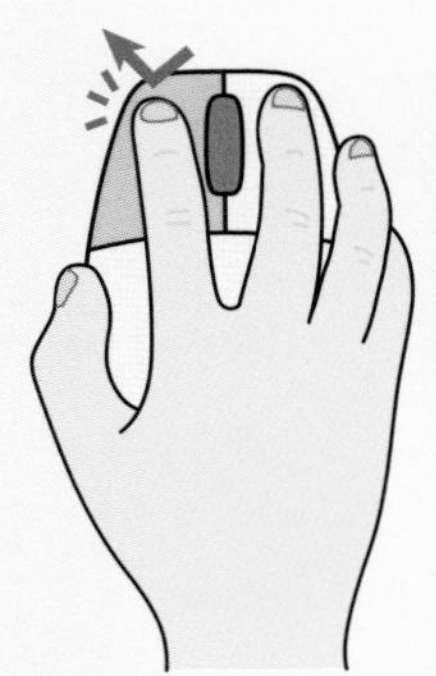

マウスの左ボタンをカチッと1回、押します

●ダブルクリック

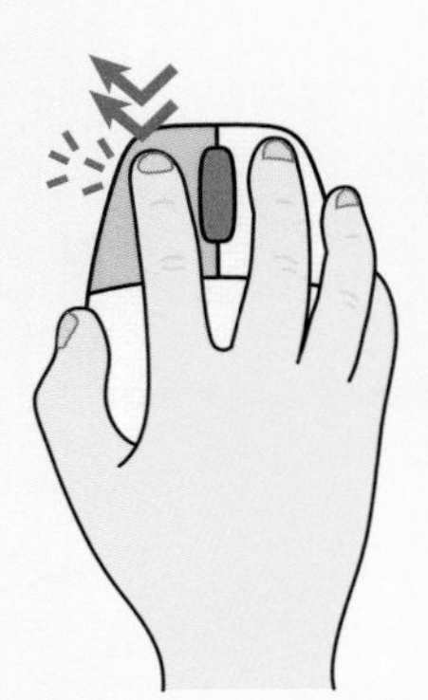

マウスの左ボタンをカチカチッと2回、連続してクリックします

●右クリック

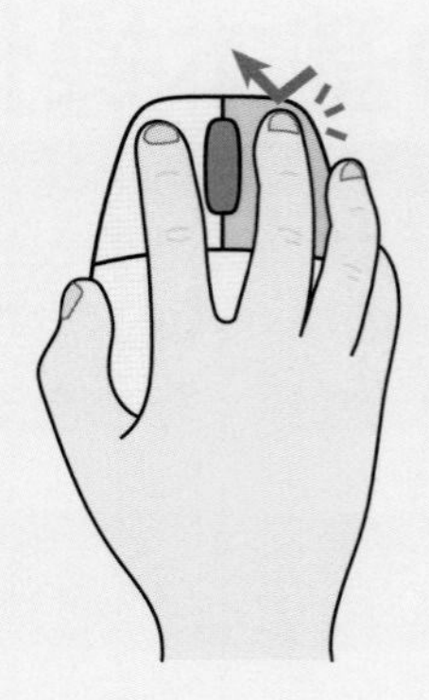

マウスの右ボタンをカチッと1回、押します

●ドラッグ

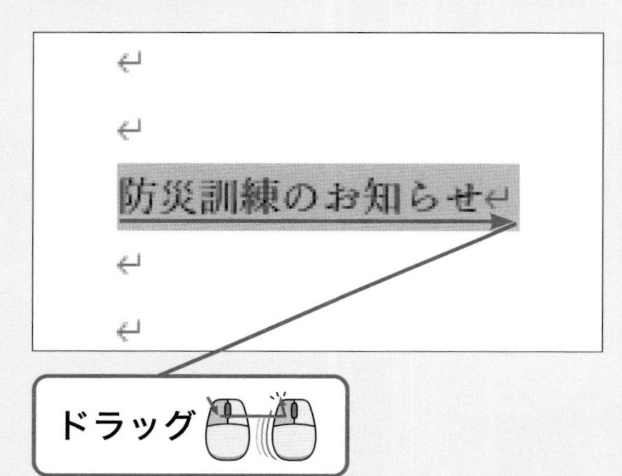

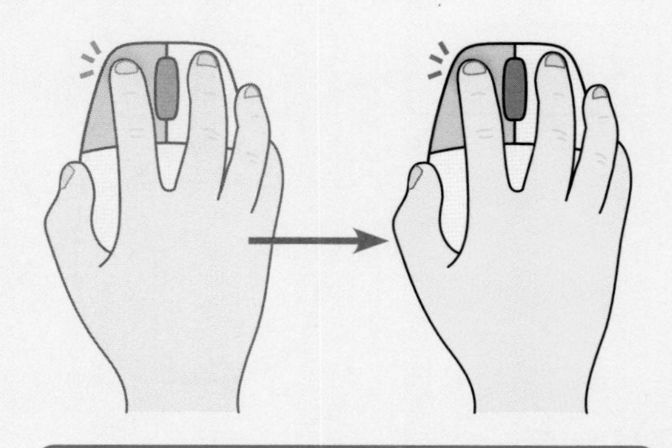

マウスの左ボタンを押したまま
マウスを動かします

●ホイール

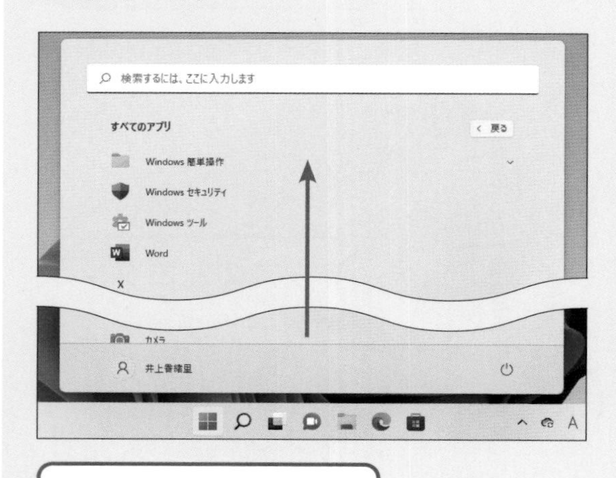

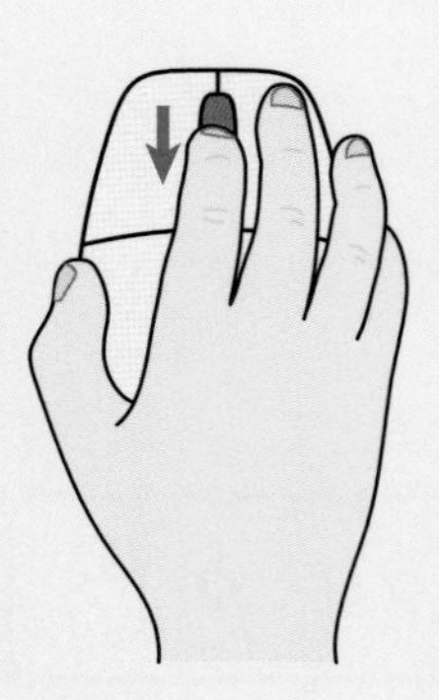

マウスのホイールを回します

ホイールを回すことで上下にスクロールします

ホイールを回す

主なキーとその役割

※下はノートパソコンの例です。機種によってキーの配列や種類、印字などが異なる場合があります。

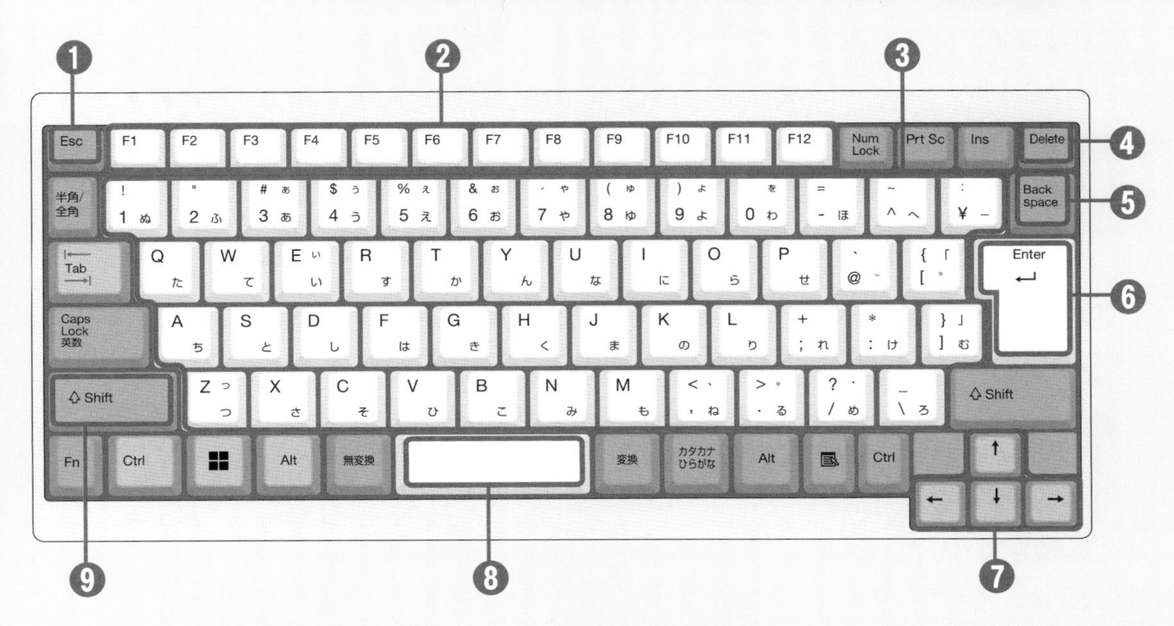

番号	キーの名前	役割
❶	エスケープキー	操作を取り消します
❷	ファンクションキー	アプリごとに割り当てられた機能を実行します
❸	文字キー	文字を入力します
❹	デリートキー	カーソルの右側の文字や、選択した図形などを削除します
❺	バックスペースキー	カーソルの左側の文字や、選択した図形などを削除します
❻	エンターキー	改行を入力します。文字の変換中は文字を確定します
❼	方向キー	カーソルの位置を移動します
❽	スペースキー	空白を入力します。日本語入力時は文字の変換候補を表示します
❾	シフトキー	英字を大文字で入力する際に、文字キーと同時に押して使います

文字の入力方法

キーを指で軽く1回押すと文字が入力され、Enterキーを押すと、入力が確定します。文字を入力するときは、入力モードに注意しましょう。アルファベットは［半角英数］モード、日本語は［ひらがな］モードにすると入力できます。

● 入力モードの切り替え

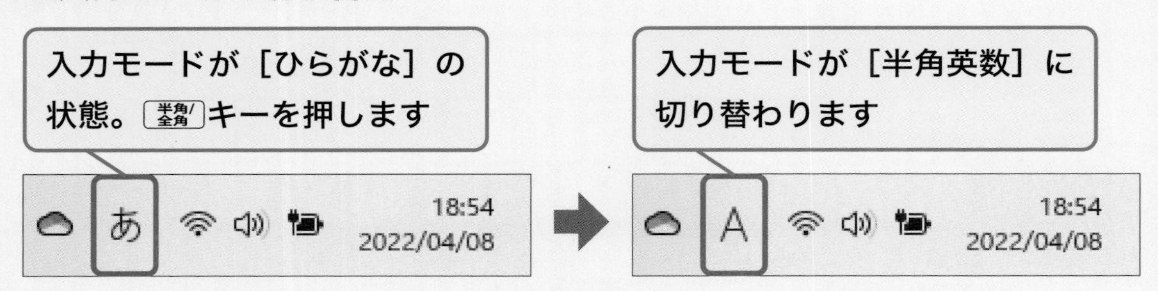

● 英数字の入力

英数字は、入力モードを［半角英数］にし、英数字が書かれているキーを押して入力します。アルファベットの場合は、キーを単独で押すと小文字で入力されます。大文字で入力する場合は、Shiftキーを押しながら、キーを押します。

A ち ＋ B こ ＋ ! 1 ぬ → ab1

● 日本語の入力

ひらがなや漢字など、日本語を入力するときは、入力モードを［ひらがな］にし、「A」から「Z」までのキーを組み合わせて入力します。この方法を「ローマ字入力」と言います。漢字への変換方法は、次のページで解説しています。なお、かな入力でも日本語は入力できますが、本書では解説していません。

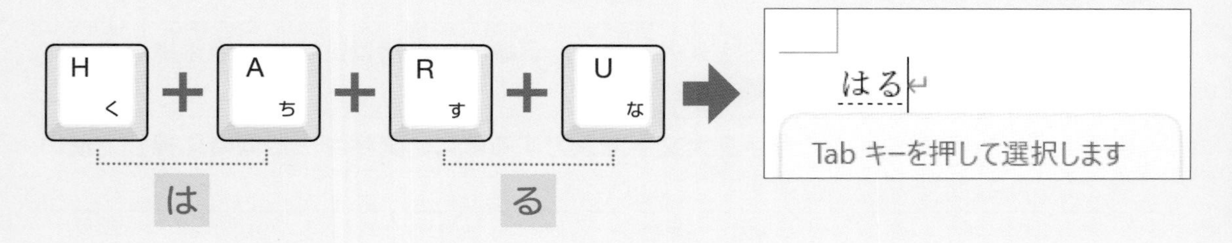

文字入力での主なキーの使い方

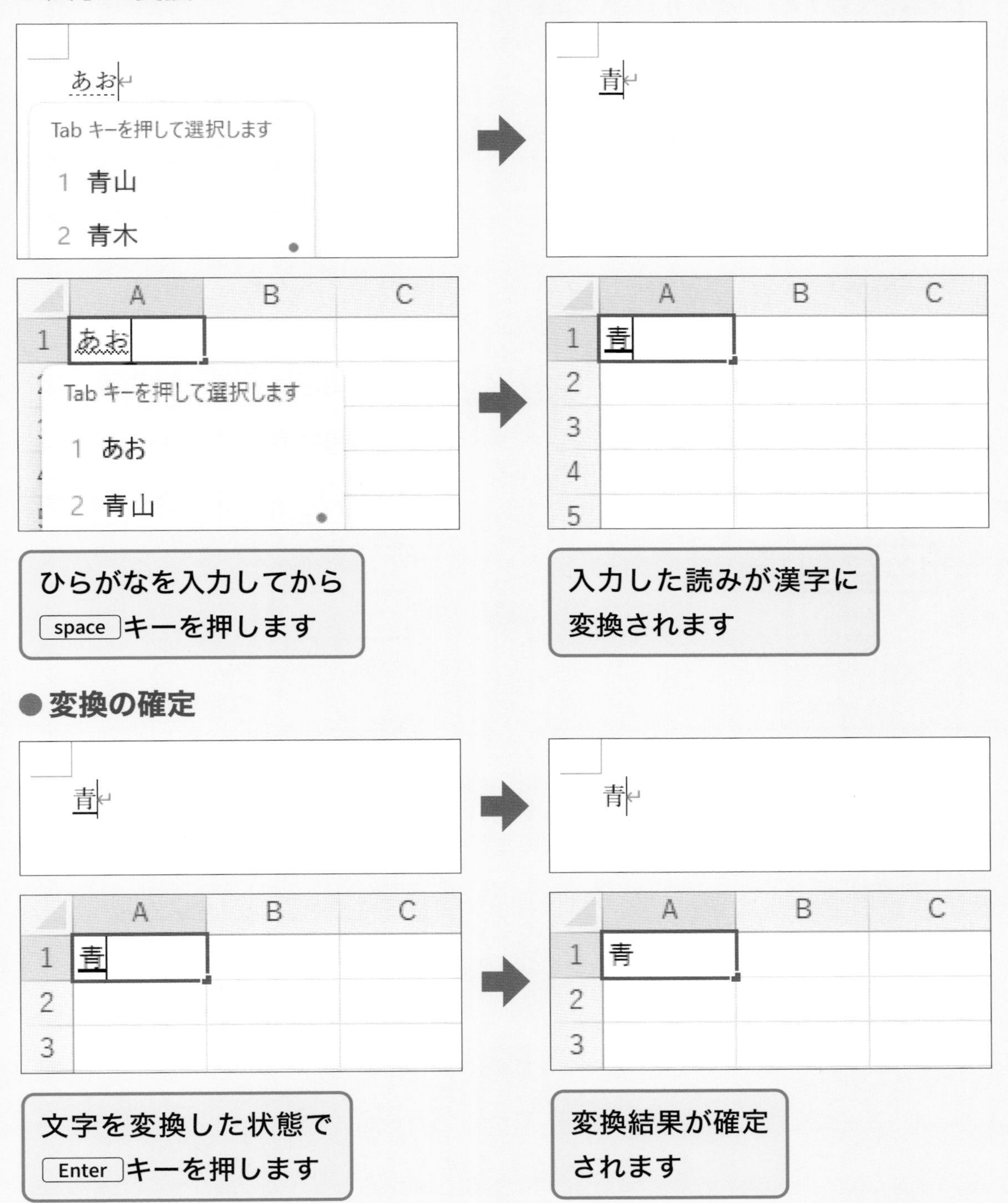

●日本語入力の確定

日本語を入力しているときは、入力された文字の下に下線が表示されます。これは入力された文字が「未確定文字」という仮の状態を示しています。この状態で Enter キーを押すと、下線が消えて入力が確定します。

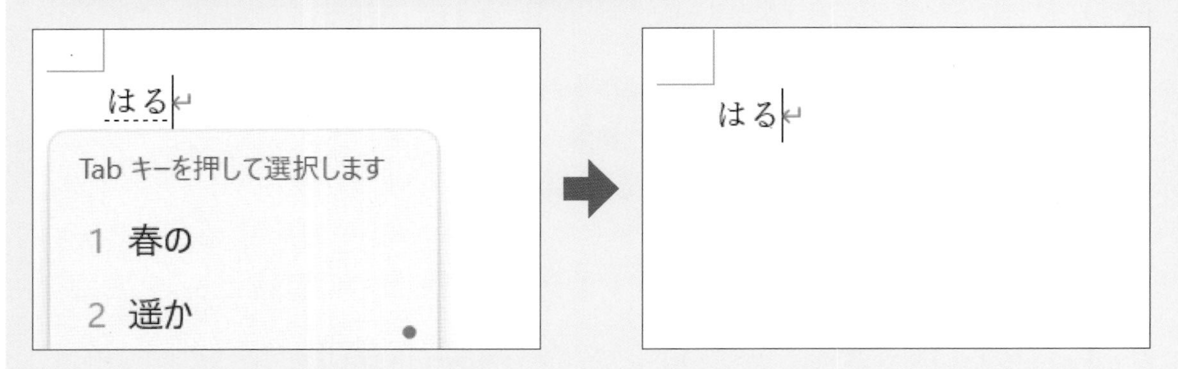

●セル入力の確定

エクセルではセルに入力された数字や文字が確定されている状態で Enter キーを押すと、セルの入力が確定されて下のセルに移動します。

	A	B	C
1	1000		
2			
3			
4			

	A	B	C
1	1000		
2			
3			
4			

●改行の入力

ワードでは Enter キーを押すと、改行が入力されて下の行の先頭にカーソルが移動します。

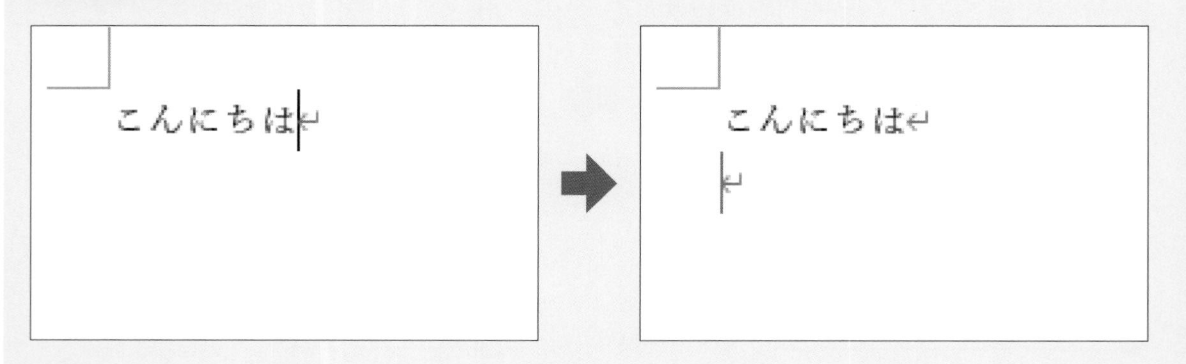

第1章

パソコンのお引っ越しをする前に知っておこう

パソコンを買い替えたときに、忘れてはならないのが、古いパソコンから新しいパソコンへのデータの「引っ越し」です。この章では、引っ越しの概要を説明しつつ、新しいパソコンに搭載されているWindows 11の基本操作について解説します。

この章の内容

レッスン 1

引っ越しの流れを知ろう

パソコンの「引っ越し」と言っても、何をすればいいのかをイメージしにくいかもしれません。何を、どのように、引っ越せばいいのかを見てみましょう。

大切なデータを新しいパソコンに移行しよう

せっかく、新しいパソコンを購入しても、そこで今まで撮りためてきた写真が見られなかったり、作りかけの文書を開けなかったり、よく見るWebページのお気に入りが見つからなかったりすると困ります。そこで大切なのが、パソコンの引っ越しです。古いパソコンにある写真、文書、お気に入り、各種設定などのデータを新しいパソコンに移行しましょう。

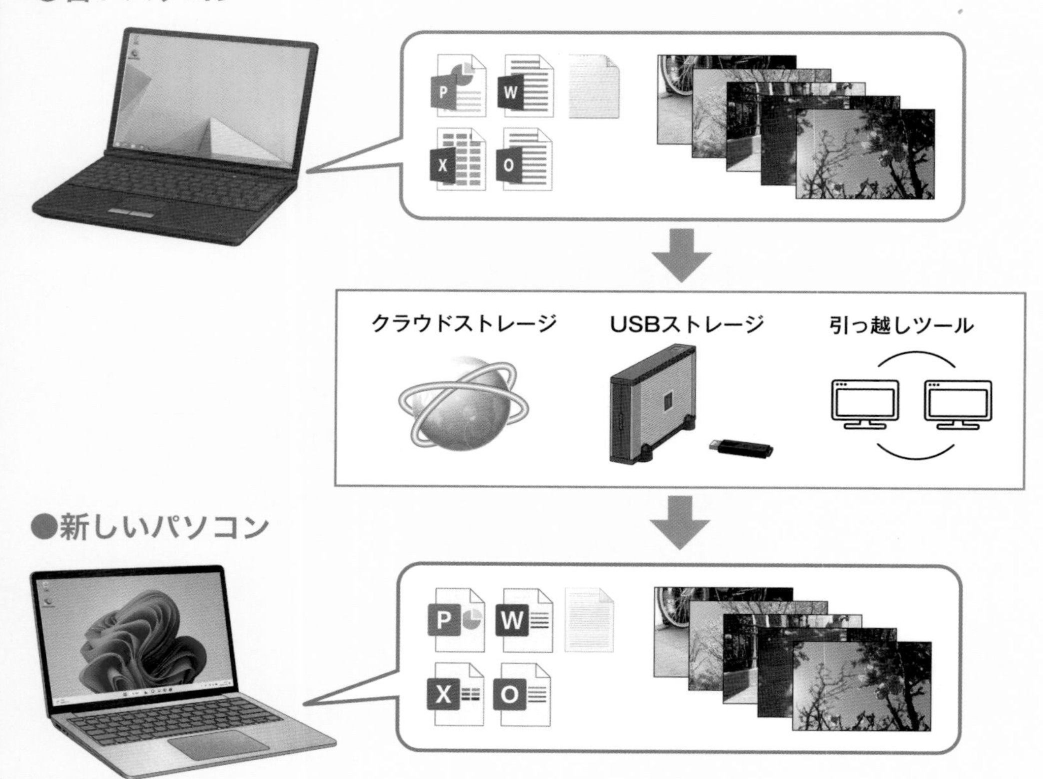

どうやってデータを移行するの？

古いパソコンから新しいパソコンに引っ越しするには、さまざまな方法がありますが、本書ではどのような環境でも対応できるUSBストレージを使った手動での引っ越し方法を解説します。作業の流れを確認しておきましょう。

●主な移行方法の比較

方法	長所	短所
USBストレージ	OSの環境を問わず利用できます。いろいろなデータに対応可能です。	外付けHDDやSSD、USBメモリーなどが必要。データを手動でコピーしなければなりません。
引っ越しツール	操作が簡単でアプリまかせでデータを移行できます。	アプリの購入に加えて、所定の移行環境を準備する必要があります。
クラウドストレージ	クラウド上に同期されたデータや設定を操作せずに移行できます。	クラウドサービスの契約が必要です。移行できるデータが限られます。

●USBストレージを使った移行の流れ

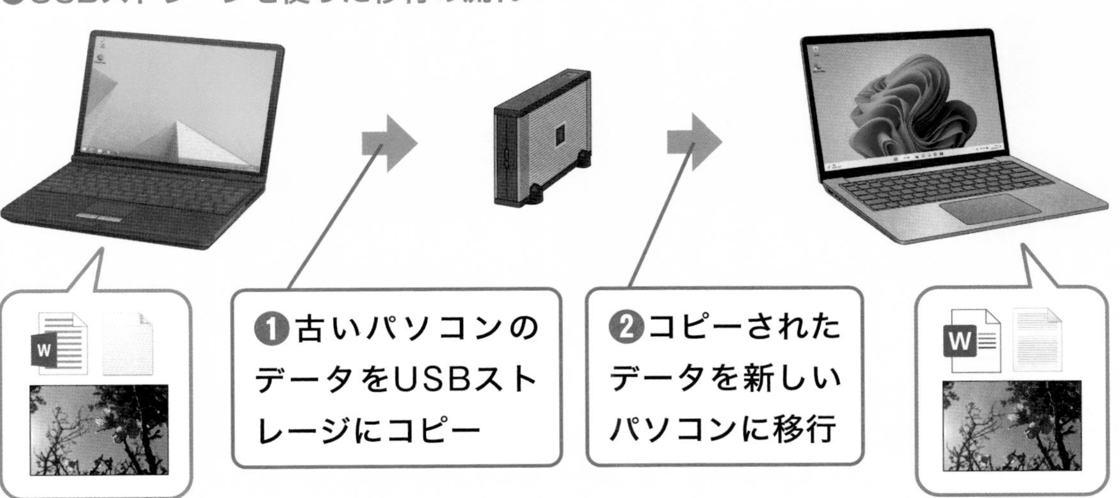

データを移行する方法を知ろう

キーワード データの移行方法

本書では、USBストレージを使ってデータを移行します。どのような機器を用意すればいいのか？　どうつなぐのか？　などを確認しておきましょう。

USBストレージを用意しよう

USBストレージはほとんどの環境に接続可能なUSB接続の製品を選ぶといいでしょう。新たに購入する場合は、転送速度が高速なUSB SSDがおすすめです。ただし、USB SSDは容量が多いと高価になるため、1TB以上のデータを移行したい場合はUSB HDDの利用を検討しましょう。

●USBストレージの種類

種類	説明
USBメモリー	128～256GB推奨。1,500～3,000円前後。低価格ですが容量が少なく、転送速度も遅いことがあります。
USB SSD	512GB～1TB推奨。10,000～15,000円前後。高価ですが、転送速度が高速でおすすめです。
USB HDD	1～2TB推奨。7,000～10,000円前後。SSDに比べて大容量で低価格ですが、転送速度は遅いです。

ヒント

必要に応じてフォーマットしておきます

USBストレージの多くは、出荷時状態でフォーマット済みのため、つなぐだけですぐにドライブとして認識されます。既存のUSBストレージを引っ越しに流用するときは、空き容量が十分にあるかどうかを確認し、少ない場合は、あらかじめ不要なデータを削除しておきましょう。既存のデータをすべて削除してもかまわないときは、第2章のQ&Aを参考にUSBストレージをフォーマットしておきましょう。

USBストレージのつなぎ方

USBストレージは、付属のケーブルをパソコン本体のUSBポートに接続して利用します。ポータブルタイプのストレージはUSBケーブルのみで電源も供給されるのが一般的ですが、据え置きタイプの大容量USB HDDなどは別途電源ケーブルの接続が必要なタイプもあります。取扱説明書で使い方をよく確認しておきましょう。

●USB端子の種類

種類	説明
Type A（黒）	旧USB2.0用の低速な端子
Type A（青）	5Gbps以上に対応した高速な端子
Type C	高速な転送が可能。一回り小型で角が丸い

●USBストレージとパソコンの接続

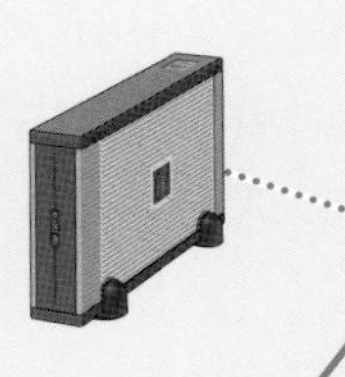

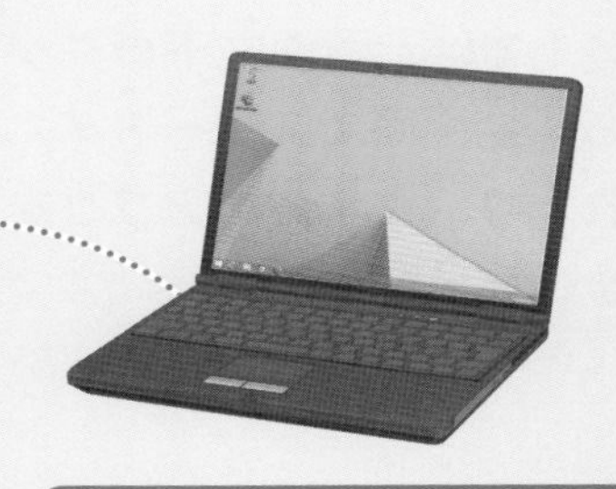

USBストレージに付属のケーブルでパソコンと接続します

USB端子には複数の種類があります

ヒント

USBの名称に注意しましょう

USB規格は、過去に数回名称の変更がなされているため、製品によっては旧規格で記載されている製品もあります。現在の最新の規格と過去の規格の対応は右のようになります。

●USBの最新規格と旧規格

最新規格	旧規格
USB 5Gbps	USB 3.2 Gen 1、USB 3.1 Gen 1、USB 3.0
USB 10Gbps	USB 3.2 Gen 2、USB 3.1 Gen 2、USB 3.1
USB 20Gbps	USB 3.2 Gen 2x2、USB 3.2
USB 40Gbps	USB4 Version 1.0

▶▶▶ 終わり

古いWindowsとの違いを知ろう

キーワード 新しいWindowsの特長

新しく購入したパソコンには、Windows 11という最新のWindowsが搭載されています。古いパソコンに搭載されているWindowsと何が違うのかを確認しておきましょう。

[スタート] メニューの操作

Windows 8.1では、画面左下のスタートボタンから、全画面でスタートメニューが表示されたり、タイルでアプリを起動したりしましたが、Windows 11ではこうした基本操作が大きく変わります。また、設定画面、メールアプリやブラウザーなど普段利用するアプリも最新版に変更されています。

● [スタート] ボタンの位置が変わりました

[スタート] ボタンの位置が左下から中央に変わりました

● [スタート] メニューの表示が変わりました

[スタート] メニューが中央に表示されます

エクスプローラーや設定画面

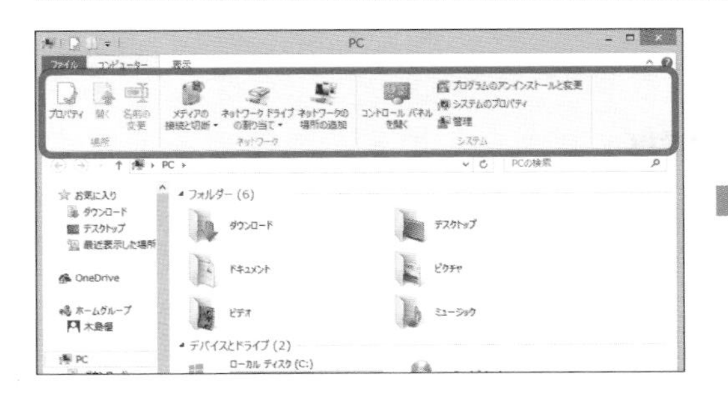
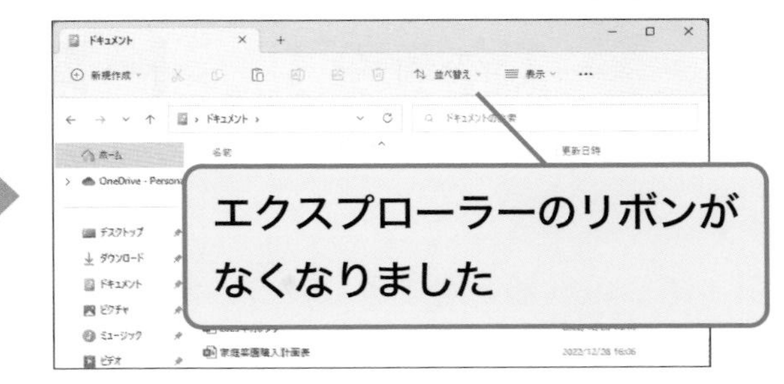

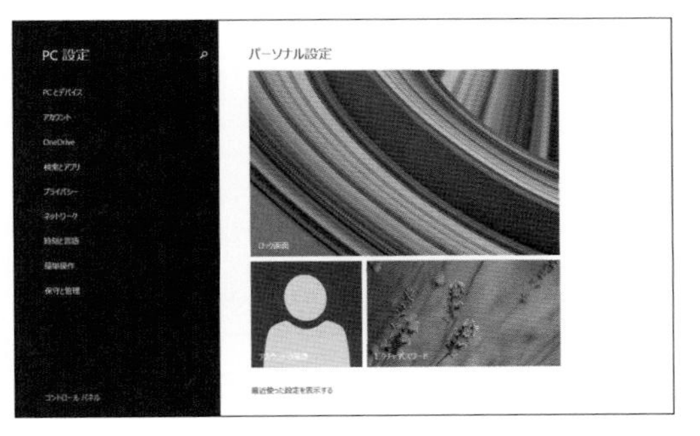
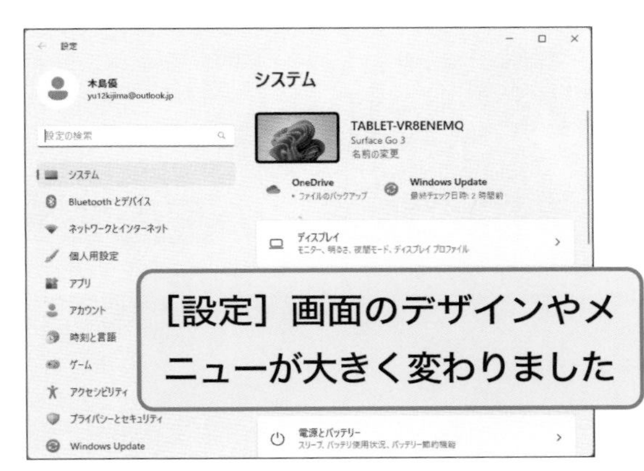

ブラウザーのアプリ

ヒント

Windows 10との違いは？

Windows 10との最大の違いはデスクトップの操作性です。最初はスタートボタンの位置とスタートメニューのデザインの違いにとまどうかもしれません。また、エクスプローラーのデザインや右クリックメニューなどにも違いがあります。ただし、アプリの互換性は高く、ブラウザーやメールアプリなどは同じものを利用できます。

終わり

パソコンのアカウントを確認しよう

キーワード 古いパソコンのアカウント

引っ越しの準備を始めましょう。最初にWindowsで利用しているMicrosoftアカウントを確認します。Microsoftアカウントに紐づいたメールの移行に利用します。

操作はこれだけ　クリック ➡11ページ

1 [PC設定] の画面を表示します

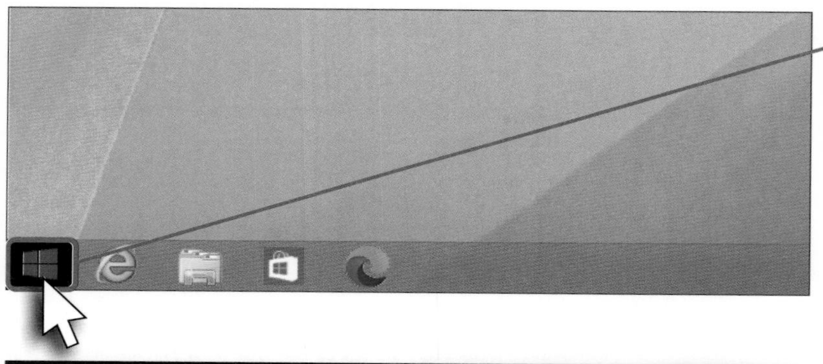

❶ をクリックします

❷ をクリックします

2 Microsoftアカウントを確認します

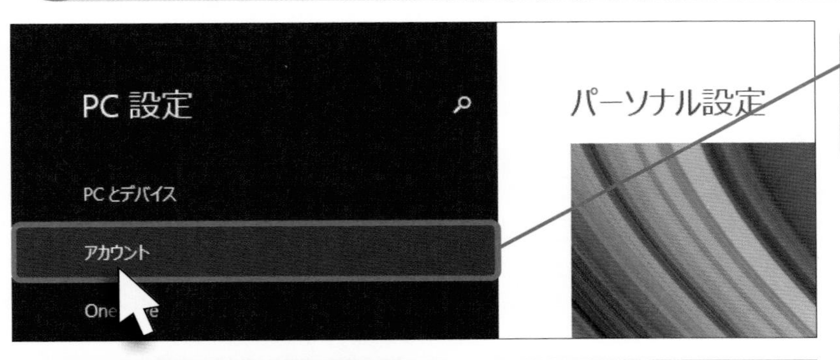

❶ アカウント をクリックします

木島優
yu12kijima@outlook.jp
関連付けを解除する
アカウント設定の詳細をオンラインで確認する
アカウントの画像

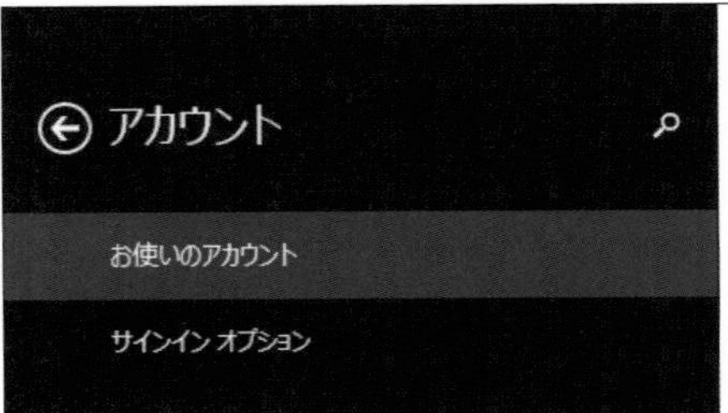

Microsoftアカウントが表示されました

❷画面の上の方にマウスポインターを合わせます

PC 設定

ラインで確認する

❸ ✕ をクリックします

ヒント

Microsoftアカウントが表示されないときは

Microsoftアカウントは、Windows 11の利用やメールの移行に必要です。手順2で「yu12kijima」など、@がないローカルアカウントが表示されたとき、付録1を参考にあらかじめブラウザーを使って取得しておくか、Windows 11の初期設定時に取得しましょう。なお、Windows 8.1のOutlookにMicrosoftアカウントが設定されている場合は、レッスン⓰の手順4を参考にOutlookでMicrosoftアカウントを確認できます。

新しい［スタート］メニューを知ろう

キーワード 新しいパソコンのデスクトップ

引っ越し先の新しいパソコンの使い方を確認しておきましょう。ここでは、Windows 11で刷新された新しいデスクトップと［スタート］メニューを紹介します。

デスクトップの主な構成

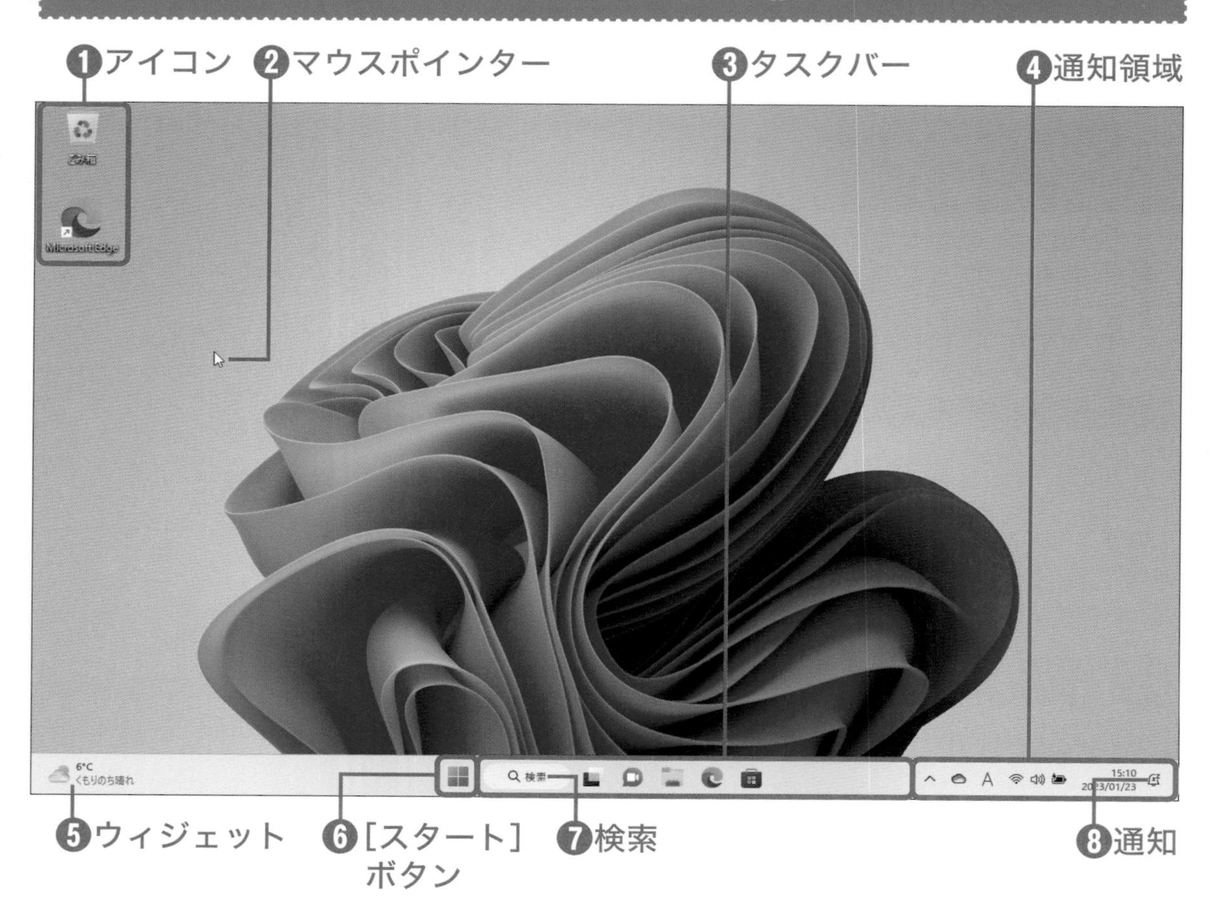

各ボタンの名称と役割

❶アイコン
アプリやファイル、フォルダーなど、操作対象をわかりやすく表現したものとなります。デスクトップやタスクバーなど、いろいろな場所に配置されています。

アプリやフォルダー、ファイルなどを表します

❷マウスポインター
画面上の操作対象を指定するための目印です。パソコンのマウスやタッチパッドの操作と連動して画面上を移動します。

操作の内容により、マウスポインターの形が変わります

❸タスクバー
[スタート]ボタンやよく使うアプリ、起動したアプリのアイコンが表示される領域です。また、左端に最新ニュース、右端に日付や通知の有無も表示されます。

❹通知領域
タスクバーの右端の領域です。起動中のアプリ、ネットワーク、音量などのアイコンのほか、現在の日時、通知の有無が表示されます。

15:11
2023/01/23

パソコンの状態を表すアイコンが並んでいます

❺ウィジェット
普段は天気や気温が表示され、クリックするとニュースなどのウィジェットが左側からスライドして表示されます。

❻[スタート]ボタン
スタートメニューを表示するためのボタンです。アプリを起動したり、検索したり、電源をオフにしたりと、Windows操作の起点となります。

❼検索
ファイルやアプリなどを検索できます。クリック後、キーワードを入力することで、条件に合うアプリやファイルなどが表示されます。

❽通知
Windowsやアプリからの通知、新着のメッセージなどがあると表示されます。クリックすると、右端からスライドするように通知の内容が表示されます。

終わり

アプリを起動しよう

キーワード [スタート] メニュー、すべてのアプリ

アプリを起動する方法を確認しましょう。操作の起点となるのは、タスクバー中央の［スタート］ボタンです。［スタート］メニューからアプリをクリックして起動します。

［ピン留め済み］からアプリを起動します

1 ［スタート］メニューの続きを表示します

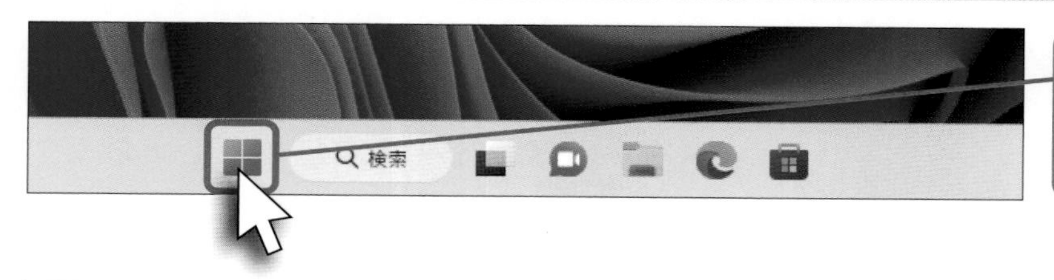

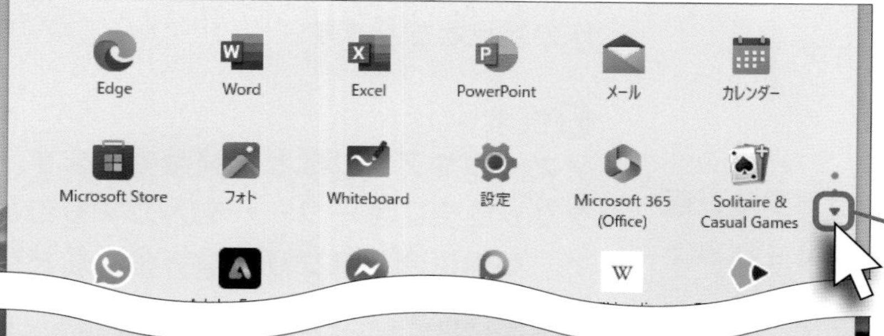

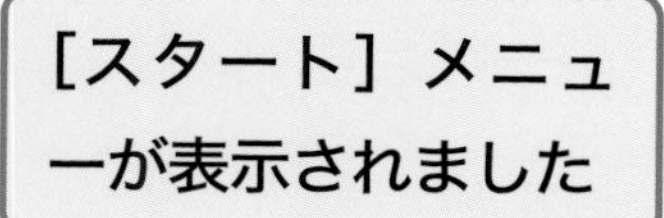

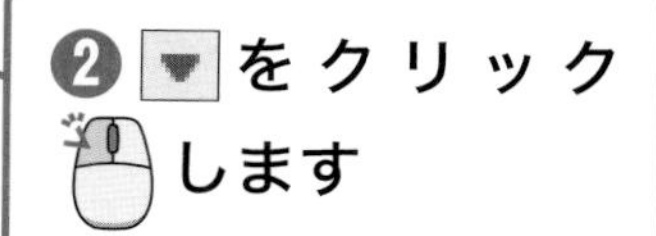

2 [スタート] メニューからアプリが起動します

❶ [メモ帳] をクリックします

ヒント

[ピン留め済み] って何？

[ピン留め済み] にはよく使うアプリだけが表示されます。標準はおすすめが登録されていますが、右上の [すべてのアプリ] から自分で登録できます。

メモ帳が起動しました

❷ ✕ をクリックします

メモ帳が閉じます

次のページに続く ▶▶▶

[すべてのアプリ] からアプリを起動します

1 [すべてのアプリ] を表示します

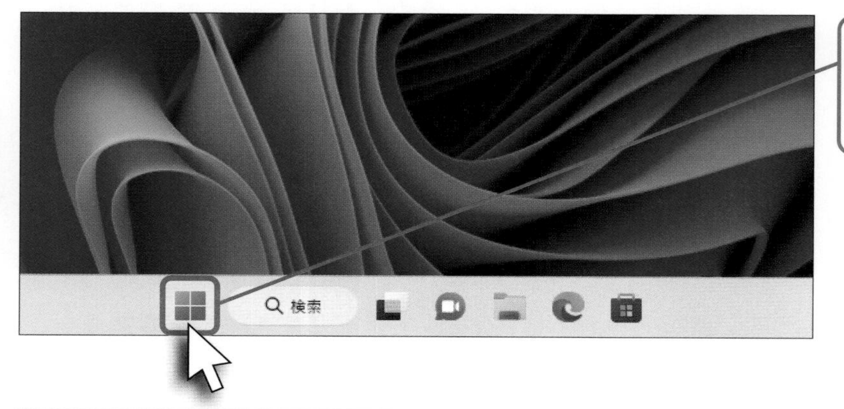

❶ をクリックします

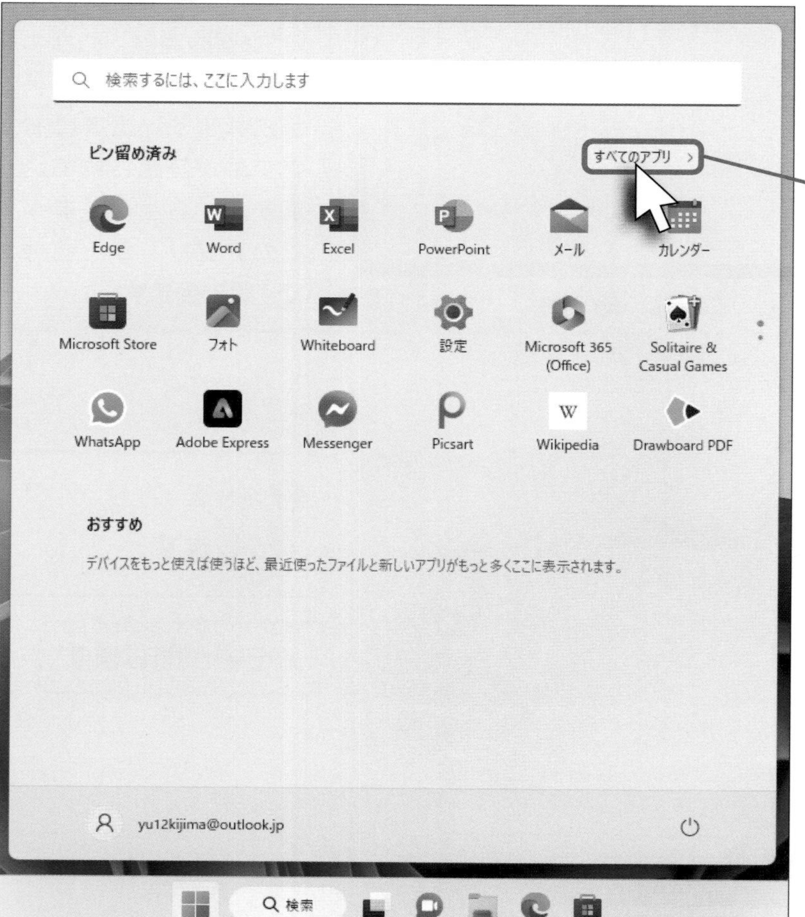

[スタート] メニューが表示されました

❷ すべてのアプリ をクリックします

ヒント

[すべてのアプリ] って何？

[すべてのアプリ] は、Windowsにインストールされている全アプリが登録されています。新しくインストールしたアプリは、最初はここに格納されています。

② アプリを起動します

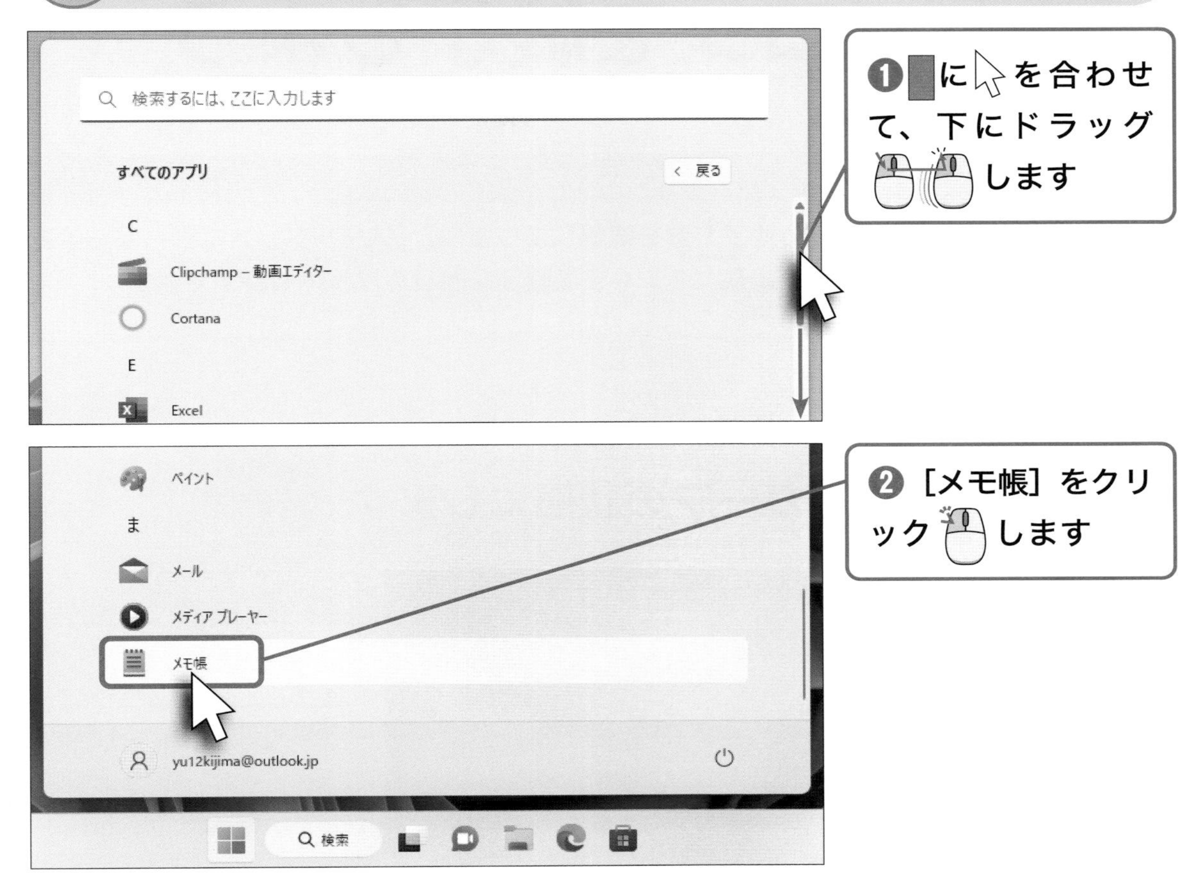

❶ に を合わせて、下にドラッグ します

❷［メモ帳］をクリック します

メモ帳が起動しました

❸ をクリック します

メモ帳が閉じます

終わり

パソコンを終了しよう

キーワード スリープ

パソコンを使い終わったときの終了方法を確認しましょう。[スタート] メニューから手動で操作することもできますが、電源ボタンや液晶画面を閉じる操作でも終了できます。

操作はこれだけ クリック ➡11ページ

1 パソコンをスリープの状態にします

❶ ⊞ をクリックします

❷ ⏻ をクリックします

❸ スリープ をクリックします

ヒント

完全に電源を切るには

電源を完全にオフにしたいときは［シャットダウン］を選択します。例えば、メモリーを増設するときなどに利用します。

② スリープを解除します

手順1を参考に、スリープの状態にしておきます

❶電源ボタンを押します

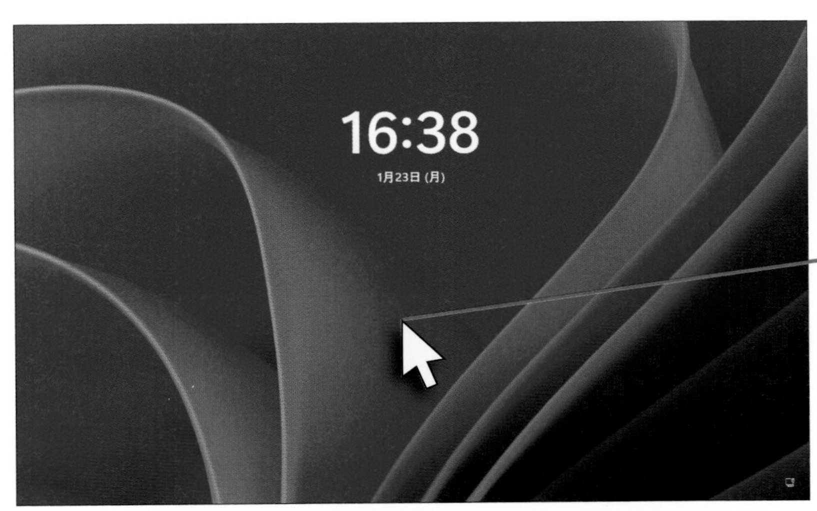

スリープが解除され、ロック画面が表示されました

❷クリックします

❸PINを入力します

デスクトップが表示されます

終わり

古いWindowsを使い続けてはいけないの？

問題があるので使わないようにしましょう

Windows 7やWindows 8.1など、サポートが終了したOSは今後、不具合や重大なセキュリティ上の問題が発見されても、その問題を修正するための更新プログラムが提供されません。また、Windows 8.1では、MicrosoftストアやOneDriveによる同期などの一部の機能が使えなくなっているうえ、アプリの動作も対象外となります。サポートが終了した古いバージョンのWindowsを使い続けるのはリスクが大きいと言えるでしょう。

サポート終了で停止される内容	想定される問題点
Windowsの更新プログラム提供停止	Windowsそのものの不具合が見つかっても修正されません。また、新たなセキュリティ上の問題が見つかっても修正されないため、情報漏えいの可能性が高まります。
アプリの更新プログラム提供停止	アプリの動作が保証されなくなります。古いままのアプリを使い続けることはできますが、新たに不具合が見つかっても基本的には修正されません。
一部アプリの動作停止	一部のマイクロソフト提供が提供するアプリは、動作しなくなります。例えばOneDriveアプリはインターネット接続できなくなり、ファイルが同期されなくなります。

ヒント

Windowsのサポート終了に注意しよう

Windows 8.1は2023年1月10日にすでにサポートが終了しました。Windows 10は2025年10月14日にサポートが終了します。最新のWindows 11に関しては、毎年後半（10～11月）に提供される機能更新プログラムの適用から24か月サポートされます。Windows Updateを利用して最新版に更新していないと、Windows 11でもサポートが終了する可能性があるので注意しましょう。

アプリは引っ越しできないの?

A 基本的にそのままコピーして利用することはできません

パソコンの引っ越しで移行できるのは、データや設定だけです。古いパソコンにインストールしてあるアプリそのものを移行することはできません。自分で新しいパソコンで同じアプリをインストールし直し、古いパソコンで保存しておいたアプリのデータを復元する必要があります。年賀状ソフトや会計ソフトなど、自分でインストールしたアプリがある場合は、そのアプリがWindows 11に対応していることを確認し、新しいパソコンにインストールし直しましょう。

アプリの種類	注意点	主なアプリ例
無料で提供されているアプリ	無料でダウンロード提供されているアプリは、新しいパソコンで利用可能です。利用したいアプリがWindows 11に対応しているかどうかを確認して、インストールし直しましょう。	Google Chrome iTunes Adobe Acrobat Reader など
購入したアプリ	購入して古いパソコンにインストールした場合は、アプリによっては新しいパソコンで利用可能です。アプリのライセンス利用規約やWindows 11に対応しているかどうかを確認しましょう。確認して問題なければ、インストールし直して利用できます。	弥生会計 PowerDVD Adobe Photoshop Elements など
プリインストールされていたアプリ	新しいパソコンで利用することはできません。	Microsoft Office パソコンメーカーのオリジナルアプリ など

Q 古いパソコンはどうするの？

A データの移行が確認できたら、必ず工場出荷状態にしてから処分します

新しいパソコンへの引っ越しが完了したら、基本的に古いパソコンは不要となります。ただし、移行し忘れたデータがあるかもしれませんので、しばらくの間は古いパソコンを手元に置いておくと安心です。新しいパソコンに移行し、データなどすべて問題ないことが確認できたら、処分を検討しましょう。パソコンはゴミとして廃棄することはできませんので、パソコンの廃棄を受け付けている家電量販店や回収業者に依頼する必要があります。なお、個人情報の漏えいを防ぐために、パソコンのデータはあらかじめ自分で完全に消去しておくことをおすすめします。Windowsの［回復］にある工場出荷時状態に戻す設定で、［ドライブを完全にクリーンアップする］を選択すると、設定やデータを完全に削除することができます。

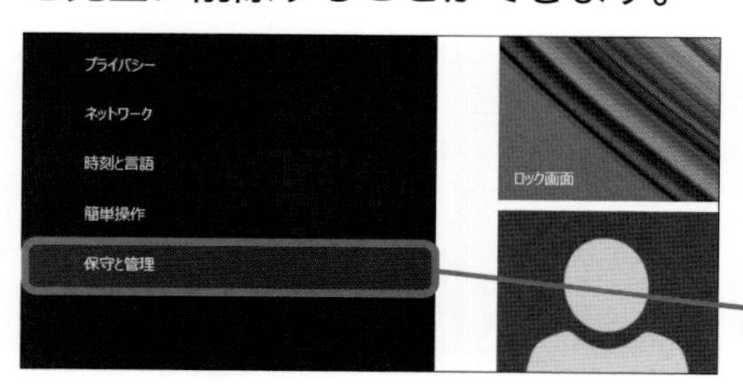

レッスン❹を参考に［PC設定］の画面を表示しておきます

❶保守と管理をクリックします

❷回復をクリックします

［すべてを削除してWindowsを再インストールする］の開始するをクリックすると、Windowsの再インストールができます

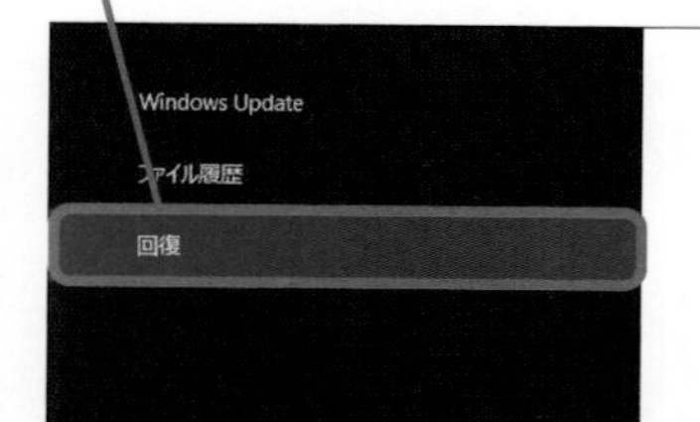

お使いの PC の動作が不安定な場合は、Windows をリフレッシュしてみてください。写真、音楽、ビデオなどの個人的なファイルには影響はありません。(リフレッシュを実行するとデスクトップ アプリは削除されるため、再インストールが必要です)

開始する

すべてを削除して Windows を再インストールする

PC を工場出荷時の初期状態に戻します。PC をリサイクルするときや、最初の状態から完全にやり直すときに行います。

開始する

第2章

古いパソコンから データをコピーしよう

準備ができたら、引っ越しの作業を始めましょう。まずは、古いパソコンのデータを移動用のUSBストレージにコピーします。文書や写真、お気に入りなど、どのデータをコピーすればいいのかをよく確認して作業しましょう。

この章の内容

レッスン 8

データのコピーについて知ろう

まずは全体の流れを確認しましょう。古いパソコンにUSBストレージを接続し、移行したいデータをコピーします。完了したら新しいパソコンで作業します。

必要なものを確認しよう

この章で必要なのは、古いパソコンとUSBストレージです。古いパソコンを起動し、USB SSDやHDD、USBメモリーなどを接続して、ドライブとして認識させておきましょう。

◆古いパソコン
ノートパソコンは電源アダプターを接続して、バッテリーで動作しないようにしておきます

◆USBストレージ
USB SSDやHDD、USBメモリーなど、パソコン内蔵のストレージよりも多い容量を準備します

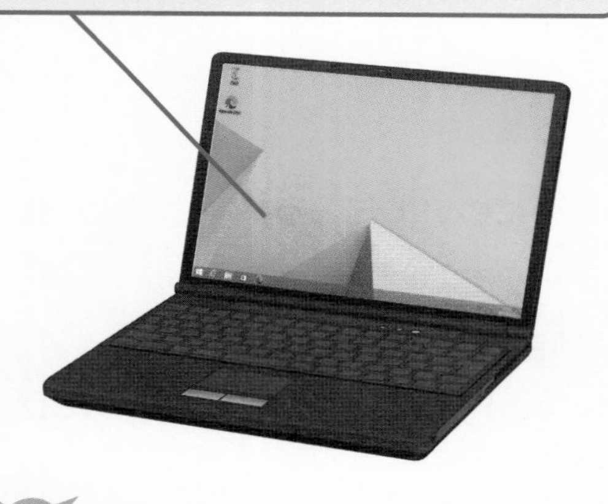

ヒント

それぞれの端子を確認しておきましょう

USBストレージは、古いパソコンと新しいパソコンの両方に接続する必要があります。USB端子の形状が異なる場合があるので、あらかじめ両方の端子の形状を確認しておきましょう。形状が異なる場合は、変換コネクタを利用しましょう。

コピー作業の流れを確認しよう

準備ができたら、USBストレージに移行したいデータをコピーします。文書、写真、お気に入りなどをコピーしましょう。完了後、コピーし忘れたデータがないかを確認したら、USBストレージを外しておきます。

❶パソコンとUSBストレージを接続します

USBストレージを古いパソコンに接続し、エクスプローラーで表示できることを確認します

→レッスン❿

❷書類や写真などのデータをコピーします

古いパソコンのデータをUSBストレージにコピーします

→レッスン⓫、⓬、⓭

❸ブラウザーのお気に入りをコピーします

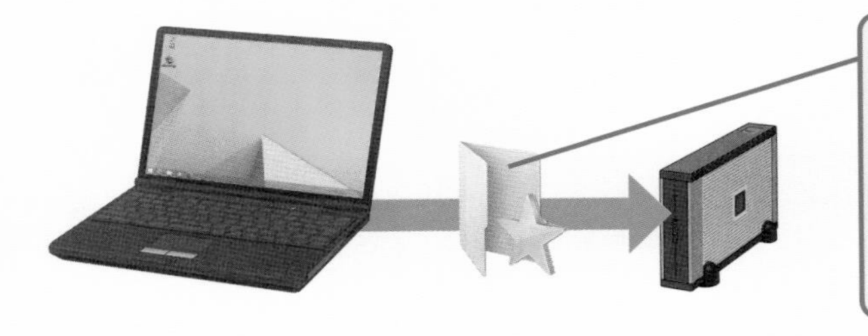

Internet Explorerのお気に入りをエクスポートしてUSBストレージにコピーします

→レッスン⓮

ヒント

USBストレージの容量が少ない場合は

USBメモリーなど、容量の少ないUSBストレージを使う場合は、すべてのデータを一度に保存しきれないため、データを小分けにして移動します。まずは文書、次に写真というように、作業を分けて第2章、第3章の操作を繰り返します。

レッスン 9

コピーするデータを確認しよう

キーワード バックアップするデータ

必要なデータを残さず移行することが重要です。古いパソコンのどのデータをコピーするかを事前に計画しましょう。お気に入りや設定なども忘れずに移行しましょう。

本書で移行できるデータ

種類	本書で解説している移行データ	解説レッスン
ファイル	・Word、Excel、PowerPointなどで作成した文書データ	・[ドキュメント] フォルダーのコピーで移行します →レッスン⓫
	・デジタルカメラなどから取り込んだ写真データ	・[ピクチャ] フォルダーのコピーで移行します →レッスン⓬
	・デスクトップに保存されているテキストファイルなどのデータ	・[デスクトップ] からのコピーで移行します →レッスン⓭
ブラウザーのお気に入り	・Internet Explorerの [お気に入り]	・[お気に入り] のエクスポートとコピーで移行します →レッスン⓮
メール	・Microsoft Outlookで受信しているメール	・[Outlook] アプリからメールデータのエクスポートとコピーで移行します →レッスン⓰
	・[メール] アプリで受信しているメール	・[メール] アプリの設定の確認で移行します →レッスン⓱

移行できず新しいパソコンで再設定するデータ

種類	主な例	移行方法
設定	・デスクトップの壁紙 ・デスクトップのショートカット ・[スタート] 画面にピン留めされているアプリ ・アプリのパスワードなど	・壁紙は画像のファイルがあれば、コピーして新しいパソコンで再設定して移行できます ・ショートカットは新設定し直します ・ピン留めされているアプリは設定し直します ・アプリのパスワードは入力し直します
インストールされているアプリ	・自分で追加したアプリ	・Windows 11に対応していれば、インストールし直して移行します
ブラウザーのアドオン	・Internet Explorerのアドオン（追加機能）	・Internet Explorerは廃止されたため、利用できません

ヒント

年賀状ソフトから住所録をコピーしたい！

年賀状ソフトやあて名ソフトなどは、内部のデータベースで住所録などのデータを管理しています。このため、事前にソフトで住所録をエクスポートする必要があります。操作方法はソフトによって異なるので、ヘルプや取扱説明書を参照してください。

終わり

レッスン 10

パソコンにUSBストレージを接続しよう

キーワード ドライブの接続と表示

古いパソコンに引っ越し用のUSBストレージを接続しましょう。ここでは、HDDタイプのUSBストレージを利用する例を紹介します。接続して内容を確認しておきましょう。

操作はこれだけ

クリック ➡11ページ

ダブルクリック ➡11ページ

1 パソコンとUSBストレージを接続します

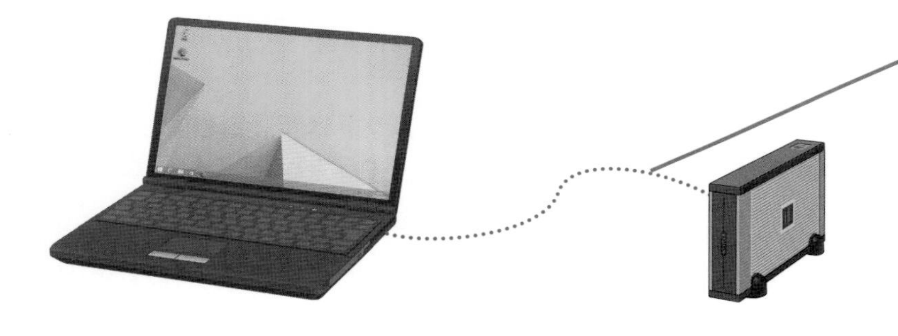

❶パソコンとUSBストレージをケーブルで接続します

HD-LE-B (E:)
タップして、リムーバブル ドライブ に対して行う操作を選んでください。

トーストが表示されました

❷しばらく待ちます

ヒント

ドライブに問題があると表示されたときは

ドライブが表示されないときは接続を確認しましょう。USB HDDの場合、別途、電源の接続が必要な機種もあります。また、「このドライブに問題が見つかりました」と表示されたときは、画面の指示に従ってドライブの検査を実行してドライブを修復しておきましょう。

2 USBストレージの内容を表示します

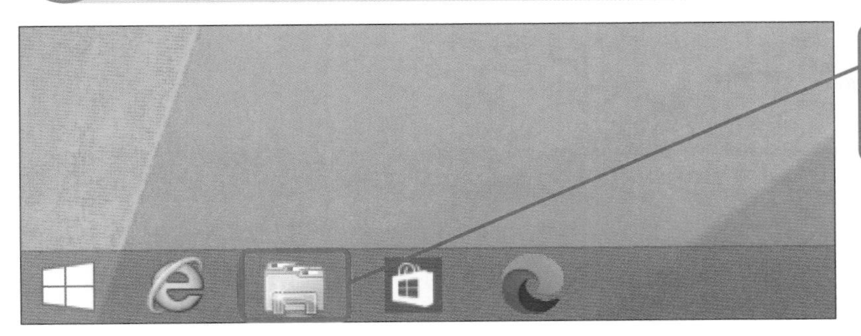

❶ [エクスプローラー] をクリックします

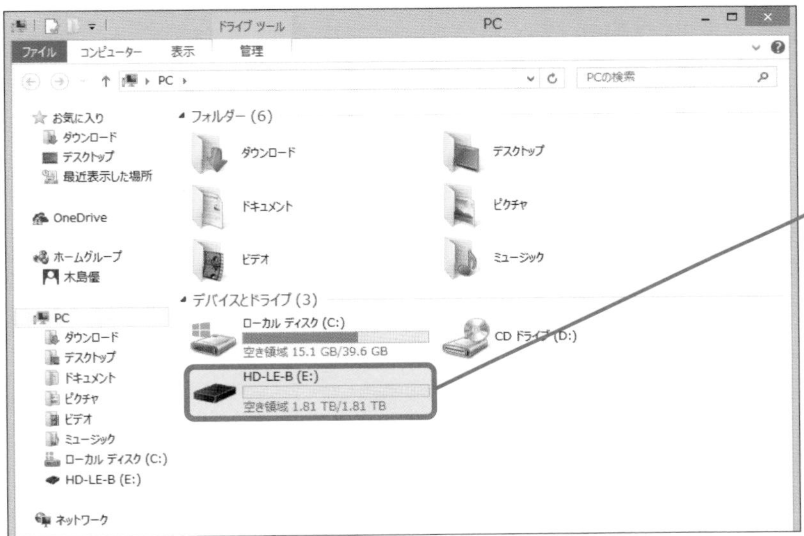

エクスプローラーが起動しました

❷ [(USBストレージ名)] をダブルクリックします

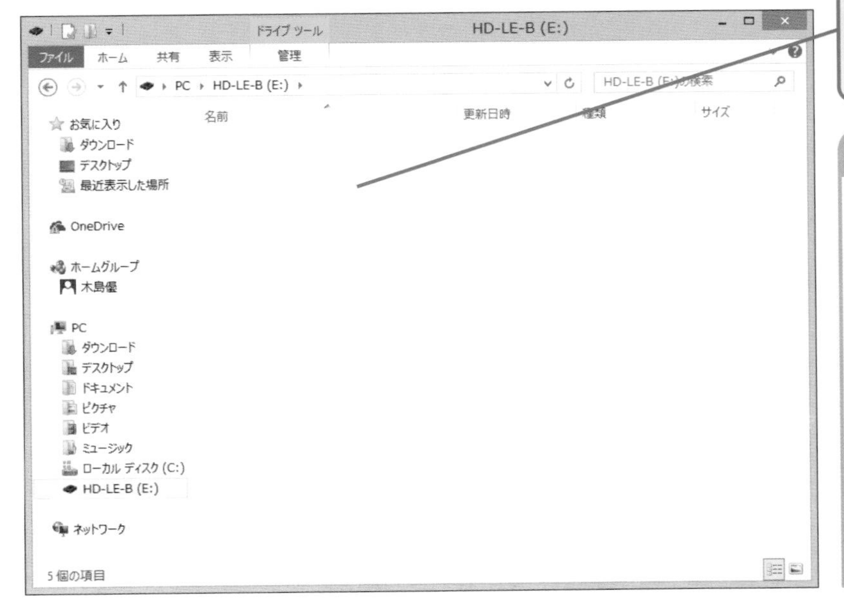

USBストレージの内容が表示されました

ヒント

ドライブがたくさんある場合は

ドライブが複数表示される場合は、アイコンに表示されるボリューム名や容量を目安に目的のドライブを確認しましょう。

終わり

[ドキュメント]フォルダーをコピーしよう

キーワード [ドキュメント]フォルダーのコピー

古いパソコンに保存されている文書などのデータをコピーしましょう。ほとんどのデータは[ドキュメント]フォルダーに保存されているので、フォルダーごとコピーしておきます。

操作はこれだけ

右クリック ➡12ページ

ダブルクリック ➡11ページ

1 [ドキュメント]フォルダーの内容をコピーします

レッスン⑩の手順2を参考に、エクスプローラーを起動しておきます

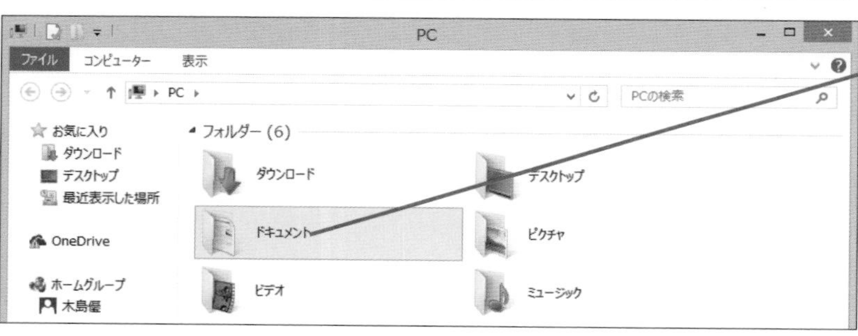

❶[ドキュメント]を右クリックします

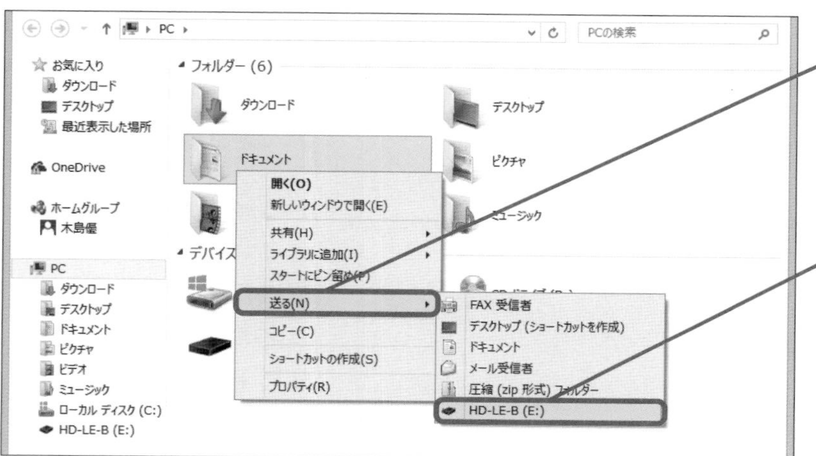

❷ 送る(N) にを合わせます

❸ [(USBストレージ名)]をクリックします

2 コピーしたフォルダーの内容を確認します

❶ [(USBストレージ名)] をクリックします

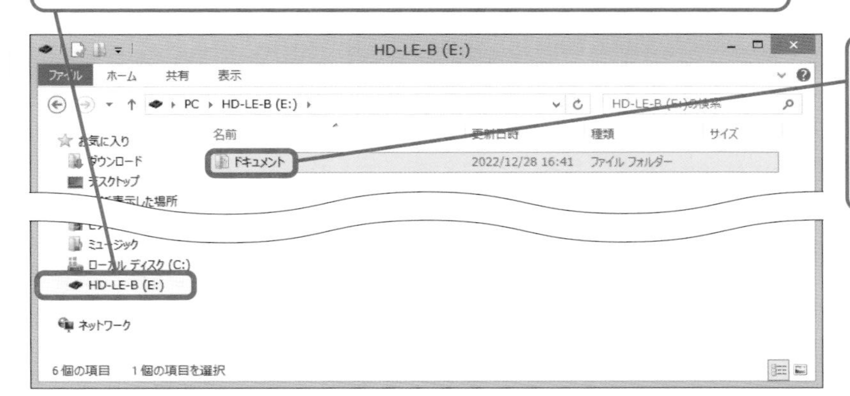

❷ ドキュメント をダブルクリックします

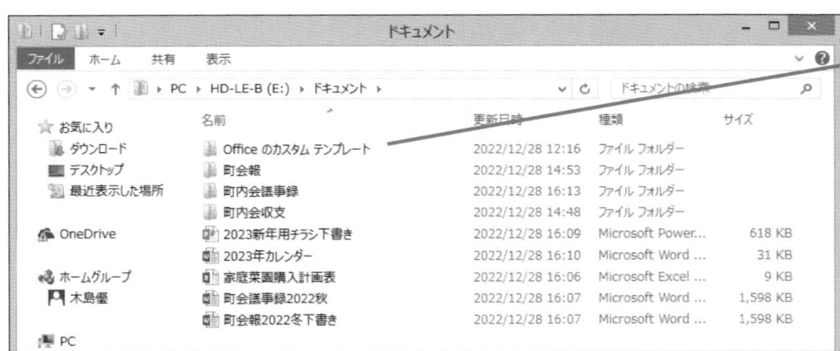

[ドキュメント] フォルダーの内容ががUSBストレージにコピーされていることが確認できました

ヒント

すべてコピーされたかを再確認するには

すべてのファイルがコピーできているかどうかを確認したいときは、[ドキュメント] フォルダーのプロパティでファイル数を確認してみましょう。コピー元、コピー先の両方でプロパティを表示し、同じファイル数ならすべてコピーできています。

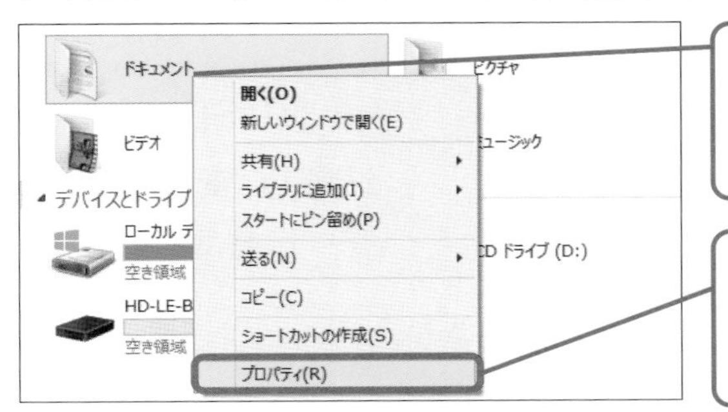

❶ [ドキュメント] を右クリックします

❷ プロパティ(R) をクリックします

写真をコピーしよう

キーワード [ピクチャ] フォルダーのコピー

デジタルカメラなどから取り込んだ写真は、[ピクチャ] フォルダーに保存されています。大切な思い出をなくさないようにするために、忘れずに移行しておきましょう。

1 [ピクチャ] フォルダーの内容をコピーします

レッスン⑩の手順2を参考に、エクスプローラーを起動しておきます

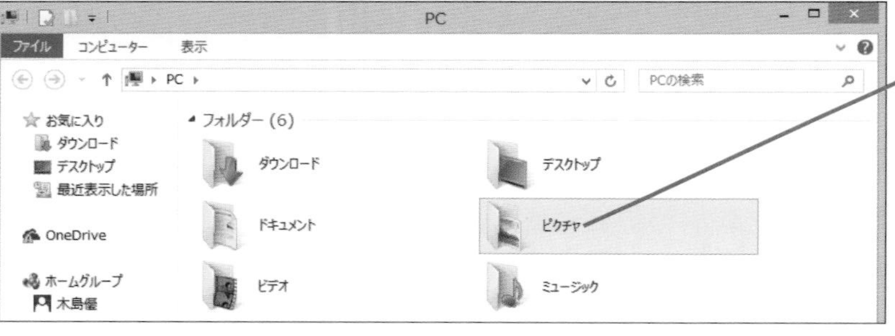

❶ [ピクチャ] を右クリック しします

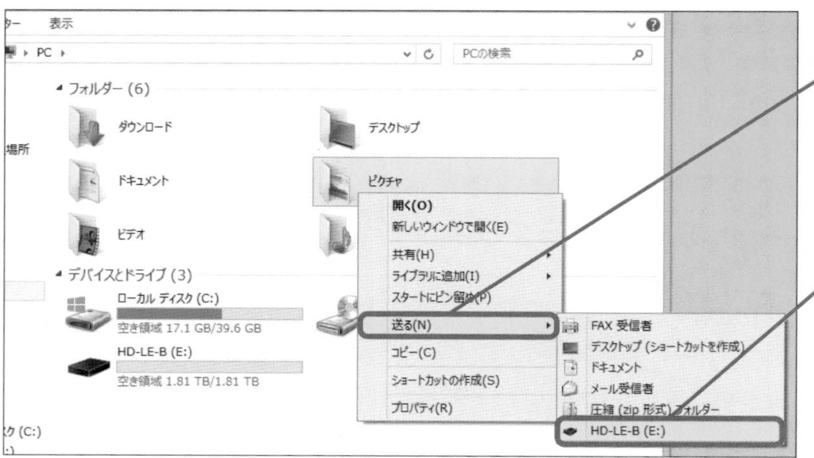

❷ 送る(N) に を合わせます

❸ [(USBストレージ名)] をクリック します

2 コピーしたフォルダーの内容を確認します

レッスン⑪の手順2を参考に、USBストレージの内容を表示しておきます

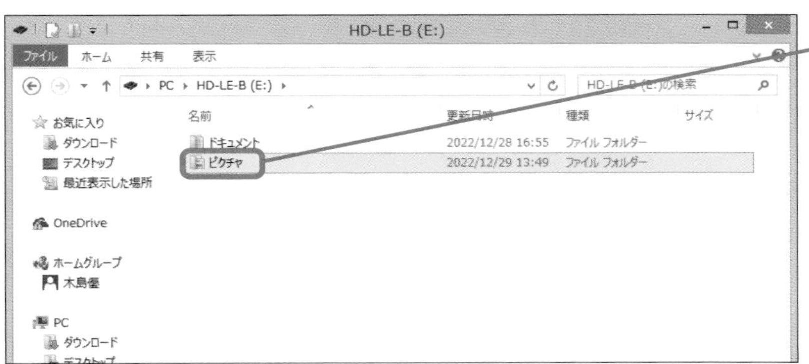

ピクチャをダブルクリックします

［ピクチャ］フォルダーの内容がコピーされていることが確認できました

ヒント

コピー中は他の作業をしないようにしましょう

コピー中に他の操作をすると、コピーに余計に時間がかかってしまいますので、パソコンを操作せず、そのまま待ちましょう。なお、ノートパソコンの画面を閉じたり、電源を切ったりするとコピーは中断されるので、起動させたままで待ちましょう。

終わり

レッスン 13

デスクトップのデータをコピーしよう

キーワード ファイルごとのコピー

デスクトップにあるファイルも忘れずにコピーしましょう。移行漏れがないようにフォルダごと、すべてのファイルをコピーしておくと安心です。

操作はこれだけ

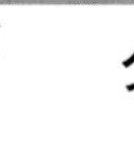

ダブルクリック ➡11ページ

1 [デスクトップ] フォルダーの内容をコピーします

レッスン⑩の手順2を参考に、エクスプローラーを起動しておきます

❶ [デスクトップ] を右クリックします

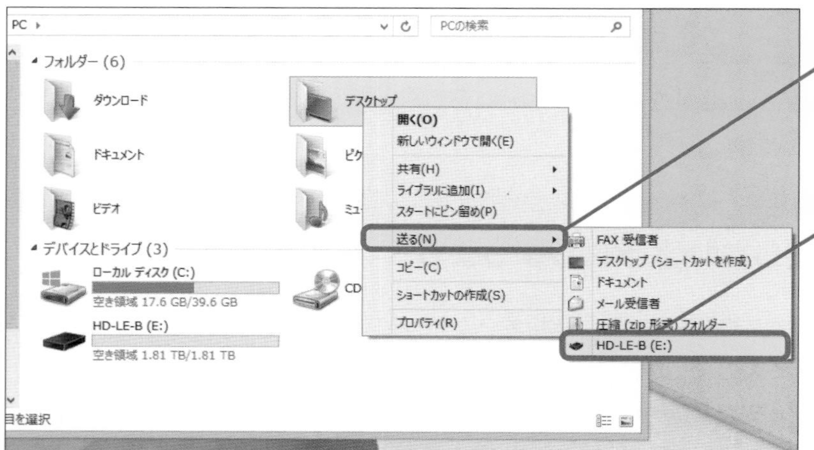

❷ 送る(N) にを合わせます

❸ [(USBストレージ名)] をクリックします

❷ コピーしたフォルダーの内容を確認します

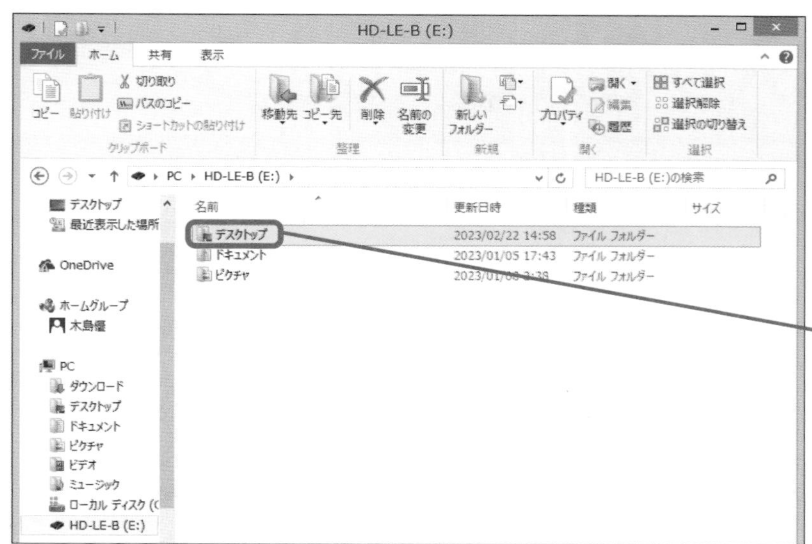

レッスン⓫の手順2を参考に、USBストレージの内容を表示しておきます

デスクトップ をダブルクリックします

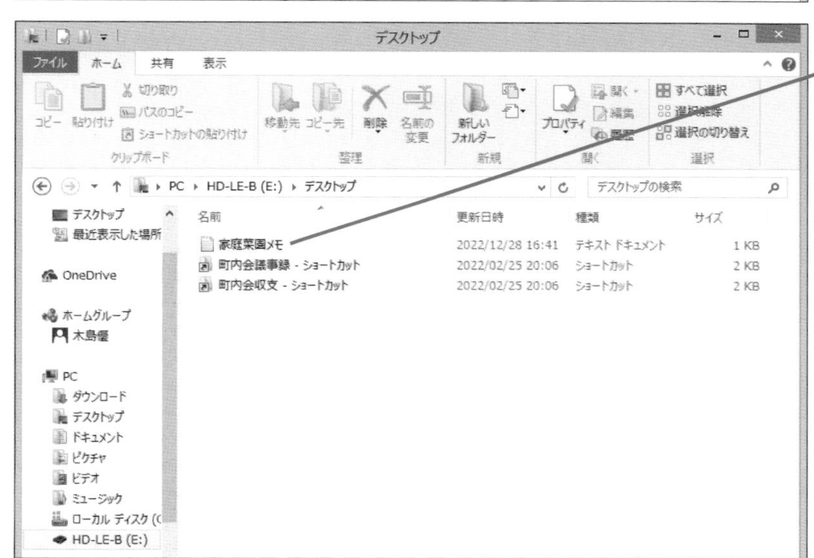

［デスクトップ］フォルダーの内容がコピーされていることが確認できました

ヒント

コピーされたデスクトップのファイルは整理が必要です

デスクトップには、アプリを起動するためのショートカットなど、必ずしも引っ越す必要がないファイルも含まれています。コピーしたファイルが、必要なのか、不要なのかは、新しいパソコンにファイルをコピーするときに判断します。第4章のレッスン㉕でファイルをコピーするときに、必要なファイルだけコピーしましょう。

終わり

Internet Explorerの お気に入りをコピーしよう

キーワード Internet Explorerのお気に入りのエクスポート

Internet Explorerのお気に入りを移行するには、ファイルに書き出すエクスポートの操作が必要です。エクスポートしたファイルをUSBストレージにコピーします。

操作はこれだけ クリック ➡11ページ 入力する ➡13ページ

1 [インポート/エクスポート設定]の画面を表示します

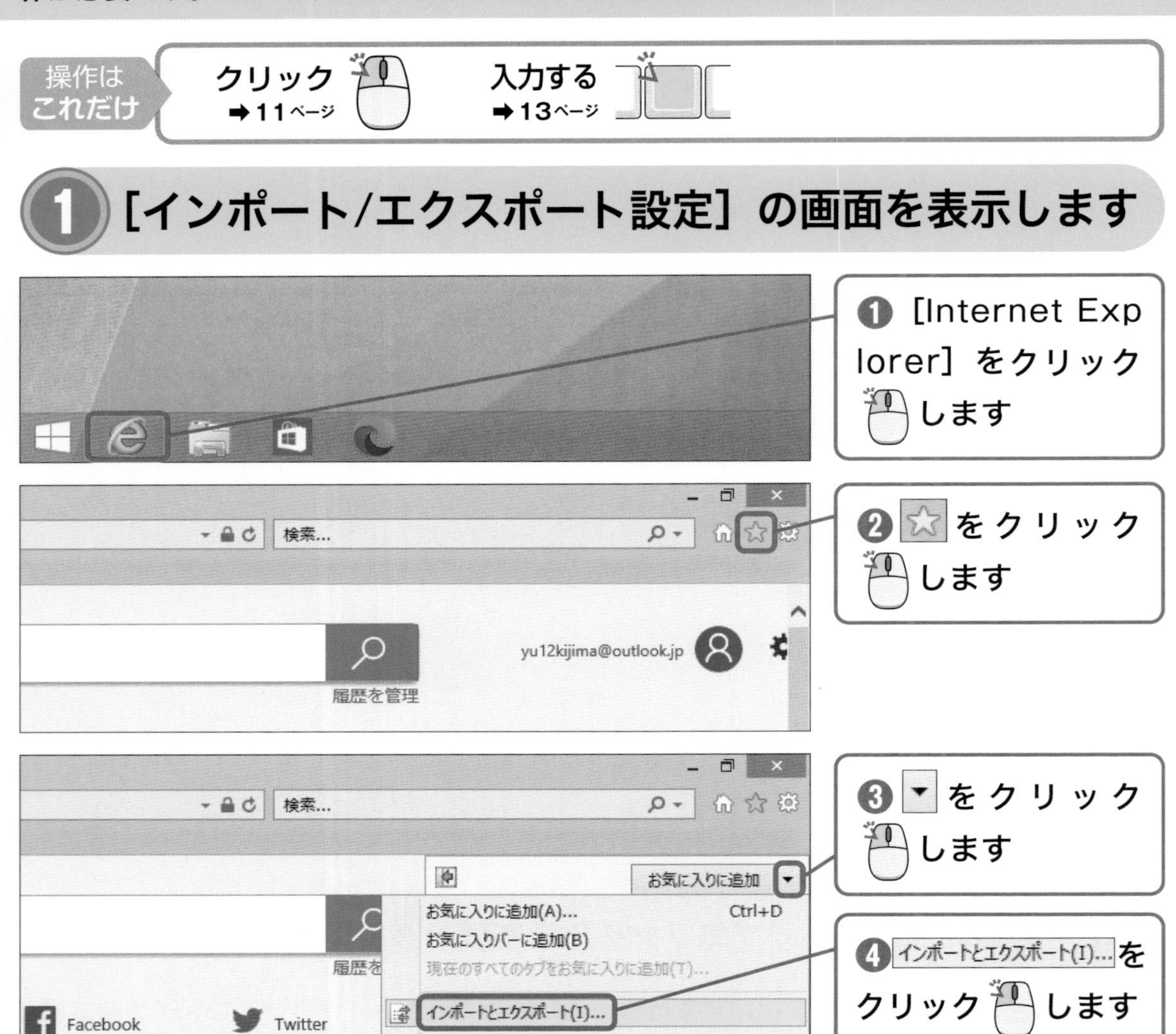

❶ [Internet Explorer]をクリックします

❷ ☆をクリックします

❸ ▼をクリックします

❹ インポートとエクスポート(I)...をクリックします

❷ エクスポートする項目を選択します

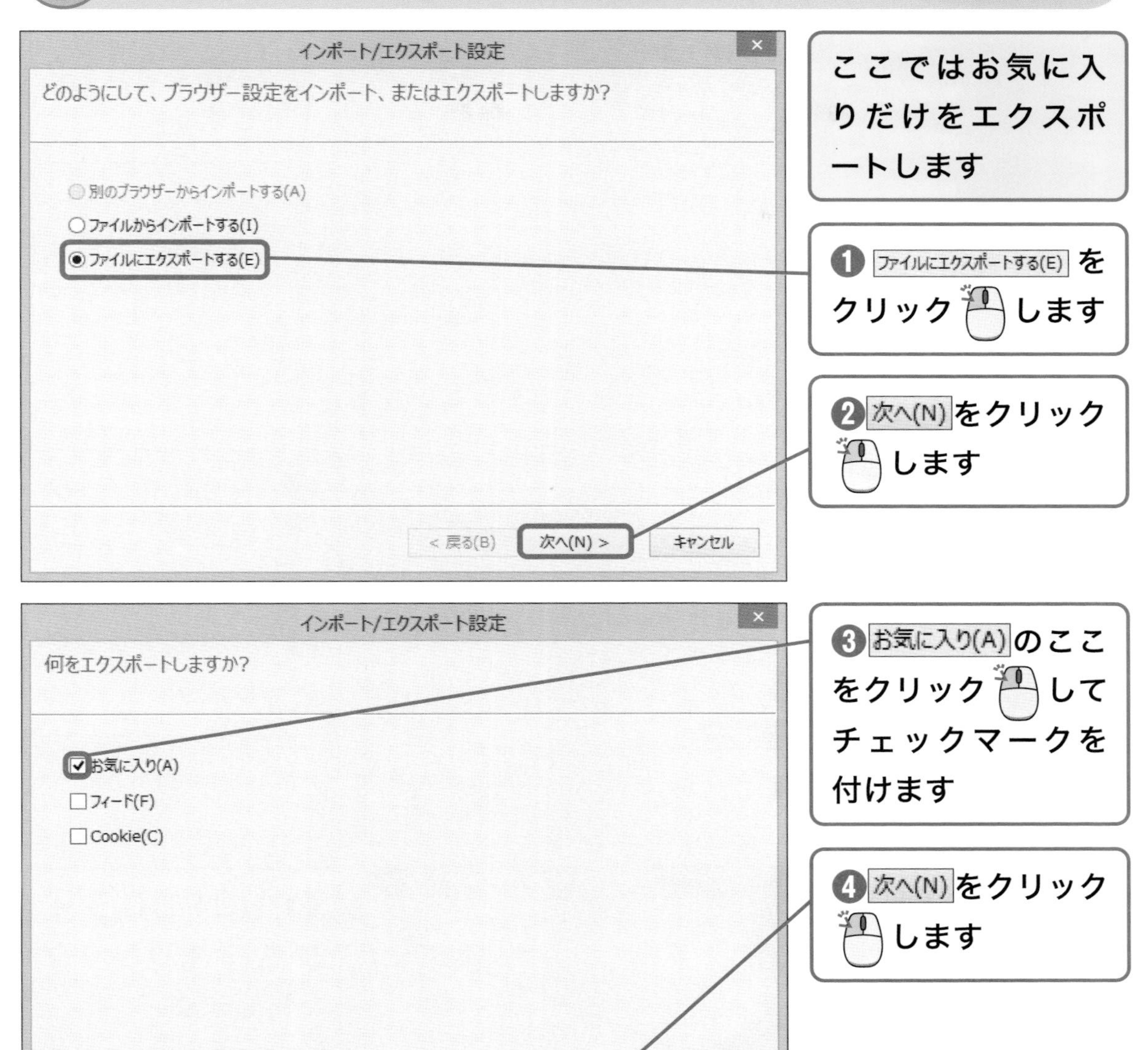

ここではお気に入りだけをエクスポートします

❶ ファイルにエクスポートする(E) をクリックします

❷ 次へ(N) をクリックします

❸ お気に入り(A) のここをクリックしてチェックマークを付けます

❹ 次へ(N) をクリックします

ヒント

フィードとCookieはエクスポートしないの?

サイトの更新情報を取得するフィードや利用者情報などが保存されたCookieは、エクスポートしても新しいパソコンのEdgeにインポートできないため不要です。

次のページに続く ▶▶▶

3 保存場所を選択します

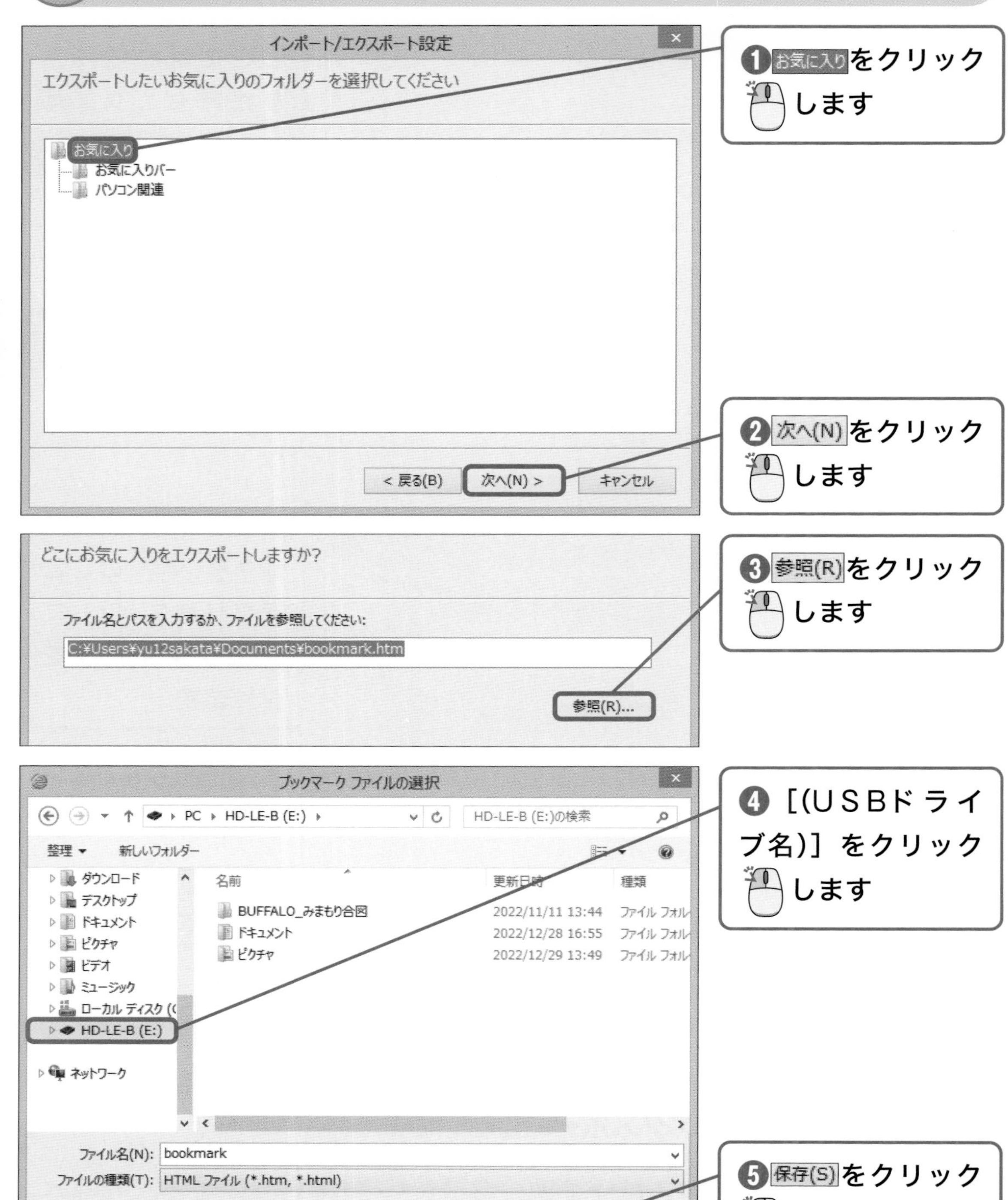

ファイル名を変更してエクスポートします

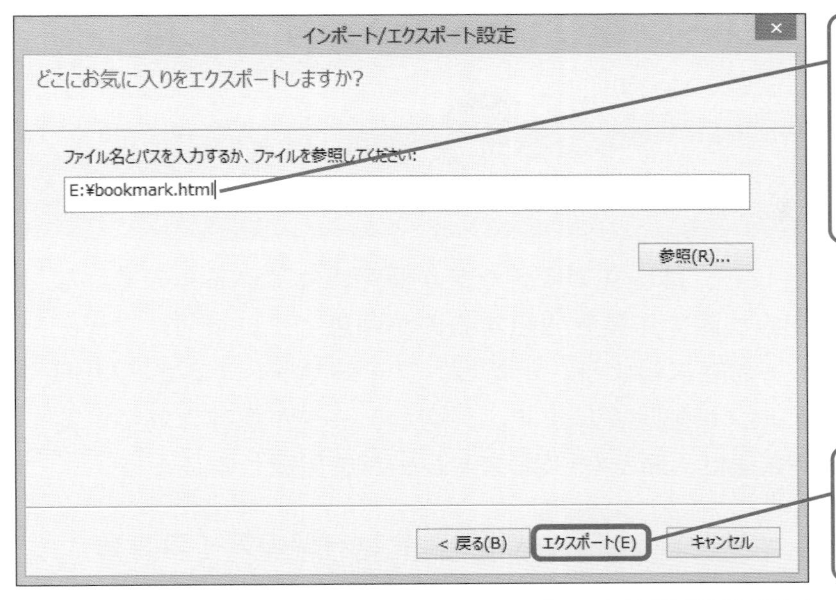

❶ファイル名の末尾に半角英数字の小文字で「l」（エル）と入力します

❷ エクスポート(E) をクリックします

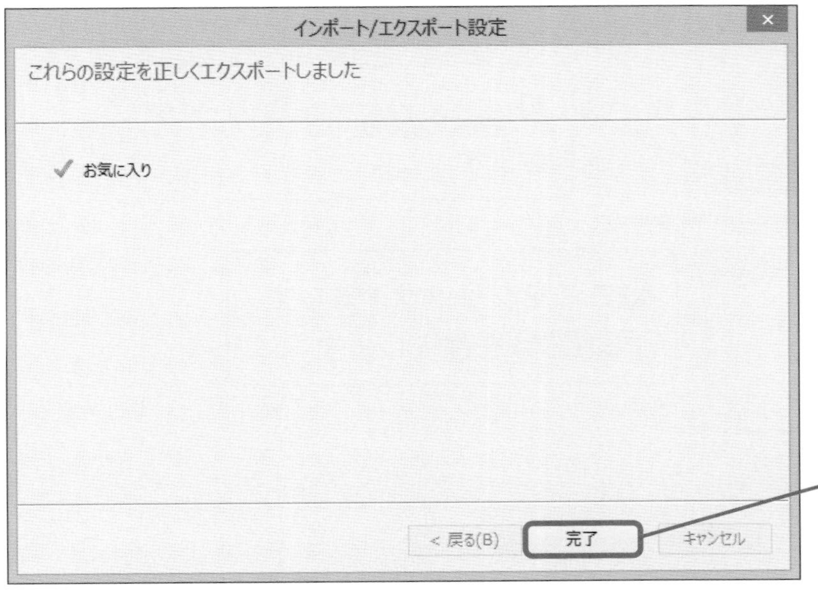

「正しくエクスポートしました」と表示され、エクスポートが完了しました

❸ 完了 をクリックします

ヒント

どうして末尾に「l」（エル）と入力するの？

Internet Explorerはサポートが終了しているため、移行先はEdgeとなります。Edgeでは末尾が「.html」のファイルしかインポートできないため事前に変更しています。

終わり

USBストレージをフォーマットするには

A データが消去されることとフォーマットの形式に注意しましょう

引っ越しに使うUSBストレージは、すでにデータが保存されているものではなく、データが何もない空の状態で作業を開始するのが理想です。事前にフォーマットして空の状態にしておきましょう。ただし、フォーマットすると、USBストレージのすべてのデータが削除されます。大切なデータが保存されている場合は引っ越しでの使用を避け、新たなUSBストレージを用意しましょう。

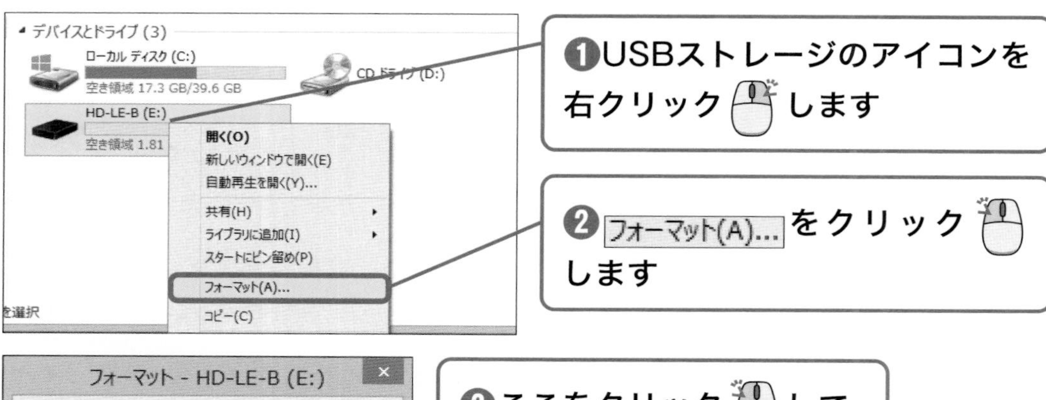

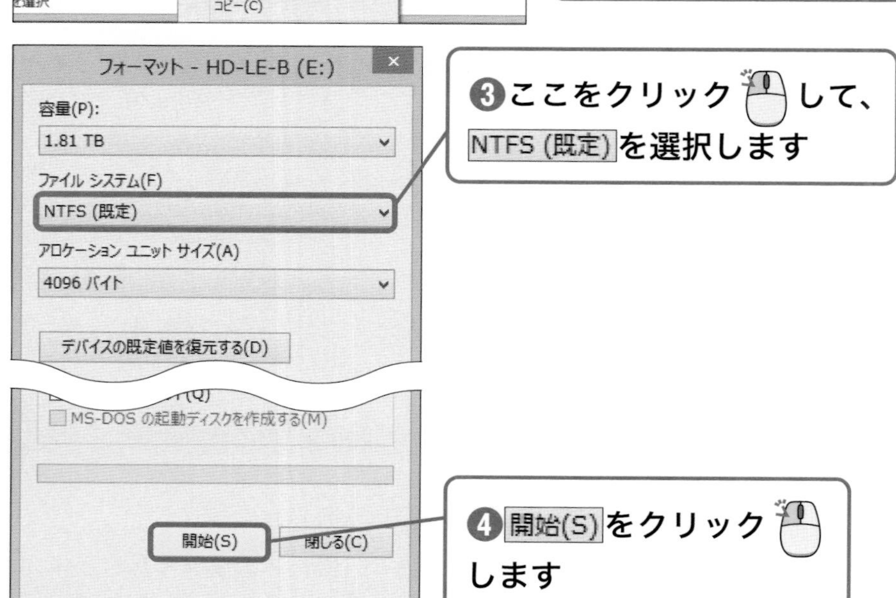

OneDriveのデータはどうすればいいの？

2022年3月以降のデータは移行が必要です

Windows 8.1では2022年3月でOneDriveでの同期が終了しています。2022年3月以前にOneDriveフォルダーにコピーしたデータはOneDriveによってクラウドと同期されているため、新しいWindows 11でOneDriveの同期を有効にするだけで自動的に利用可能になります。ただし、2022年3月以降にOneDriveフォルダーにコピーしたデータは同期されていないため、手動での移行が必要です。日付でファイルを並べ替え、同期されていないデータがありそうな場合は、同様にUSBストレージにコピーしておきましょう。

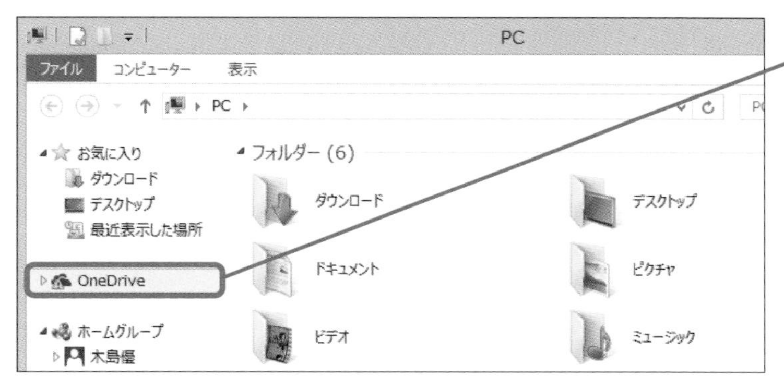

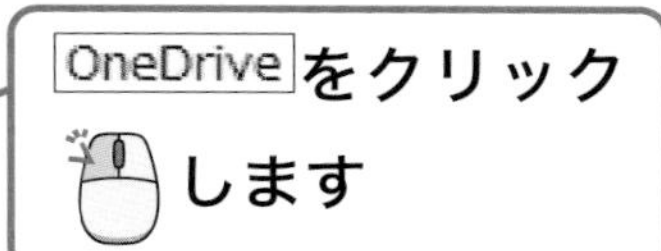

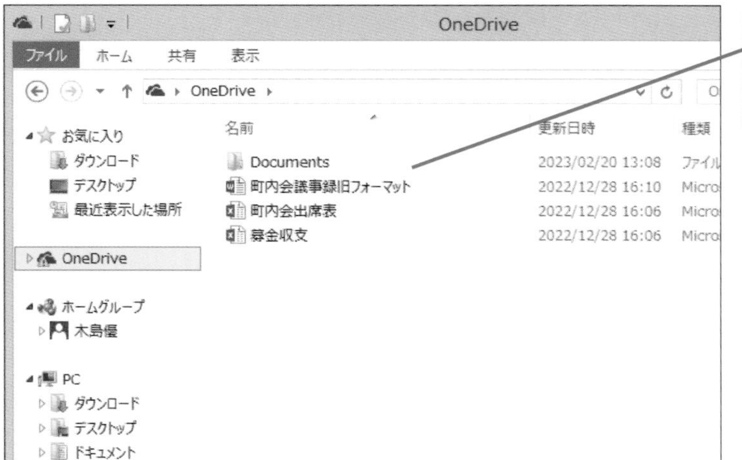

ファイルが表示されました

Google Chromeのお気に入りは移行できないの？

A エクスポートが必要な場合もあります

新しいパソコンでもGoogle Chromeを使う場合はGoogleアカウントで同期されるので、移行の操作は必要ありません。

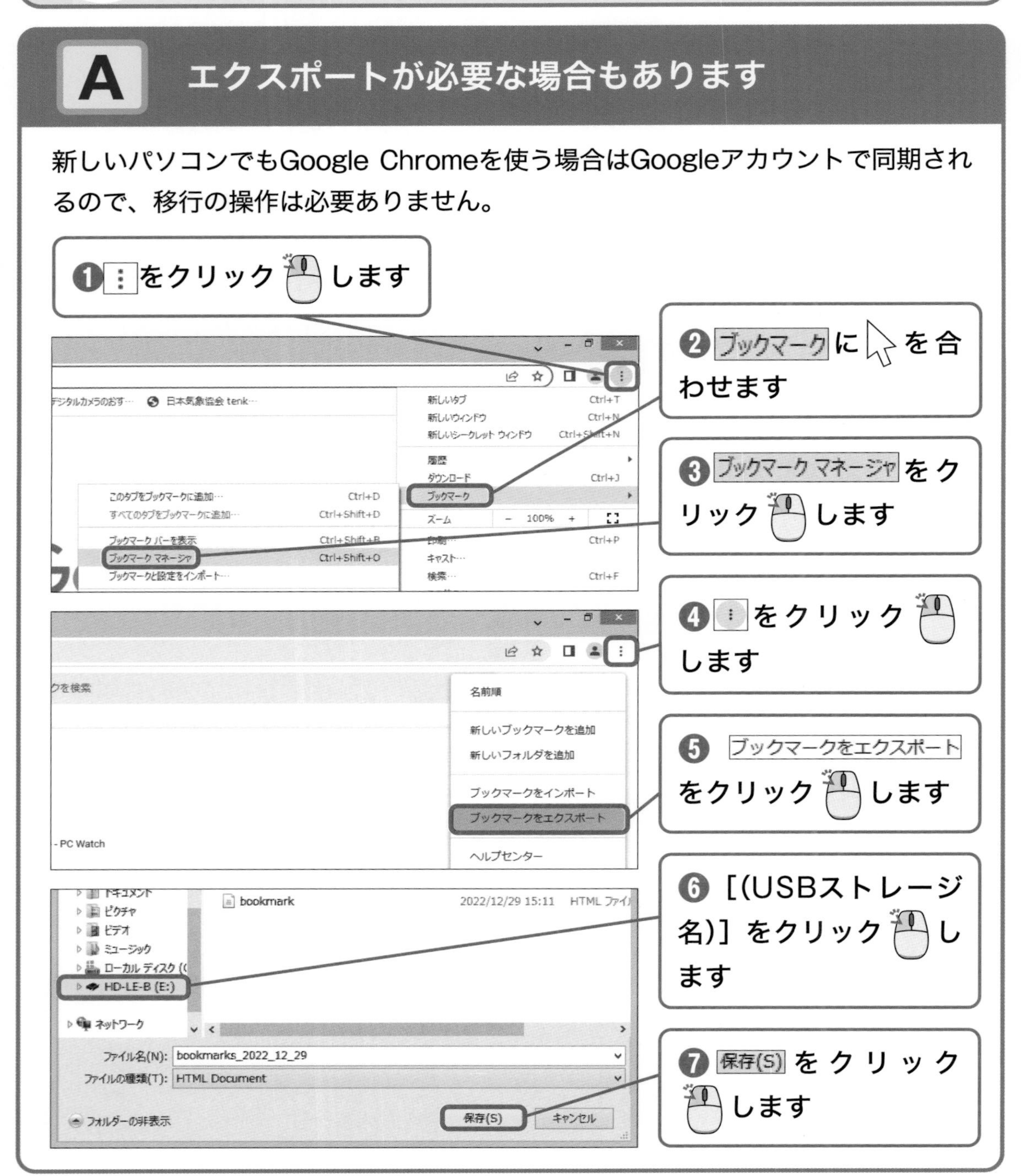

他にはどんなデータをコピーしておくといいの？

A 自分でインストールしたアプリのデータなどがあげられます

本書では、一般的なデータの移行方法を紹介していますが、環境によってはこれ以外にも移行が必要なデータがあります。以下に候補をピックアップしておきますので、心当たりがある場合は、ファイルやフォルダーをコピーしたり、アプリからエクスポートしたりしておきましょう。

●他にコピーしておくといいデータ

種類	移行方法
［ダウンロード］フォルダー	レッスン⓫と同じ操作でコピーします。
［ビデオ］フォルダー	レッスン⓫と同じ操作でコピーします。各ファイルの容量が大きいことがあるため、コピーに時間がかかります。
［ミュージック］フォルダー	レッスン⓫と同じ操作でコピーします。
内蔵の増設ドライブに保存されたデータ	エクスプローラーで増設ドライブを開き、レッスン⓫を参考に必要なデータを右クリックしてコピーしましょう。
追加でインストールしたアプリのデータ（会計ソフトなど）	必要に応じて、各アプリからUSBストレージにデータを保存します。
メールの署名	メールの署名をコピーしてテキストファイルなどに貼り付け、USBストレージにコピーしておきます。

必要なファイルを検索できないの？

A ファイル名や拡張子などで検索できます

重要なファイルがわかっているときはファイル名で検索して確実にコピーしておきましょう。また以下のようにファイルの種類を表す拡張子を指定することで、Officeファイルなど特定のファイルをまとめて検索することもできます。

❶ここにを合わせます

❷そのまま下にドラッグします

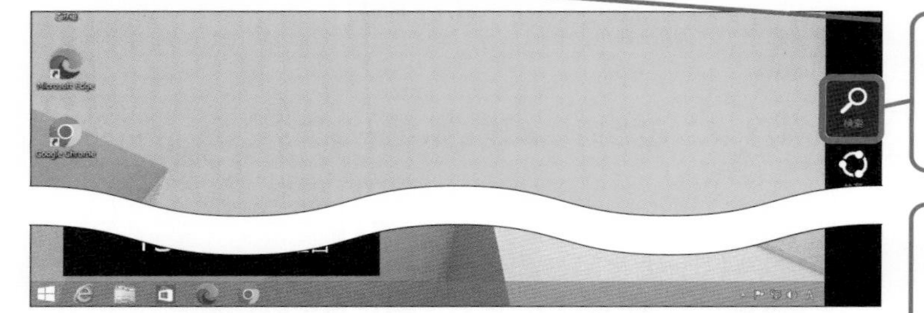

❸［検索］をクリックします

❹「.xlsx」と入力します

ここではExcelのファイルを検索します

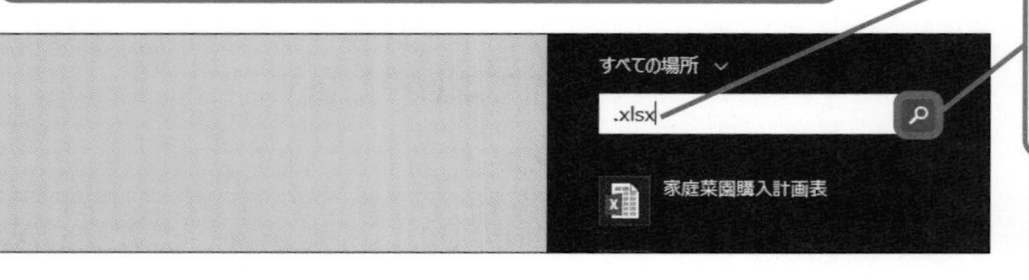

❺をクリックします

❻場所を知りたいファイルを右クリックします

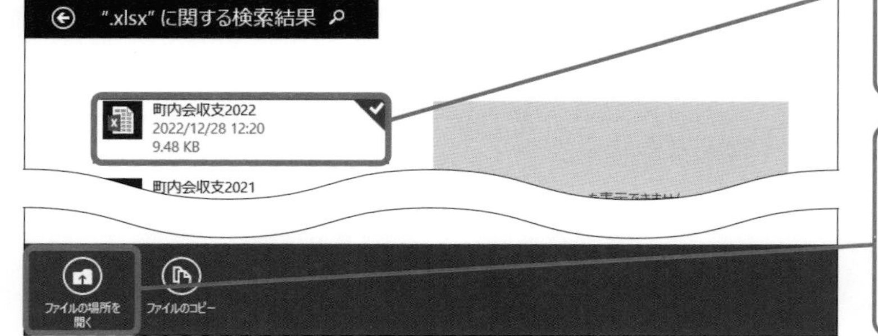

❼［ファイルの場所を開く］をクリックします

第3章

メールのデータをコピーしよう

仕事の連絡や個人的なコミュニケーションに使っているメールのデータを引っ越ししましょう。この章では、利用しているメールサービスの違いや利用しているメールアプリの違いによって異なる引っ越し方法をケース別に紹介します。

この章の内容

レッスン 15

メールを引っ越しする流れを知ろう

メールの引っ越し方法は、利用しているサービスやメールソフトによって変わります。環境を確認して正しい方法で移行しましょう。

この本で移行できるメール

メール受信アプリ	利用しているメールアドレスの例	メールアドレスの種類
[Outlook] Outlook 2013	○×△□@example.com	プロバイダーが提供するメールアドレスです。「@」以降にプロバイダーのドメインが使われます。
[メール] メール	○×△□@outlook.jp	マイクロソフトが提供するメールアドレスです。「@」以降には「outlook.jp」や「outlook.com」が使われます。

ヒント

OutlookでMicrosoftアカウントのメールも受信しているときは

OutlookでMicrosoftアカウントのメール（Outlook.com）も利用している場合は、現在のアカウントを新しいパソコンのOutlookに再設定するだけで、メールデータや連絡先などが自動的に同期され、メールを移行できます。

Outlookでメールを移行する流れ

Outlookを利用して、プロバイダーや会社、学校などのメールアドレスなどを利用している場合は、送受信したメールやアドレス帳などをファイルに保存するエクスポート作業が必要です。

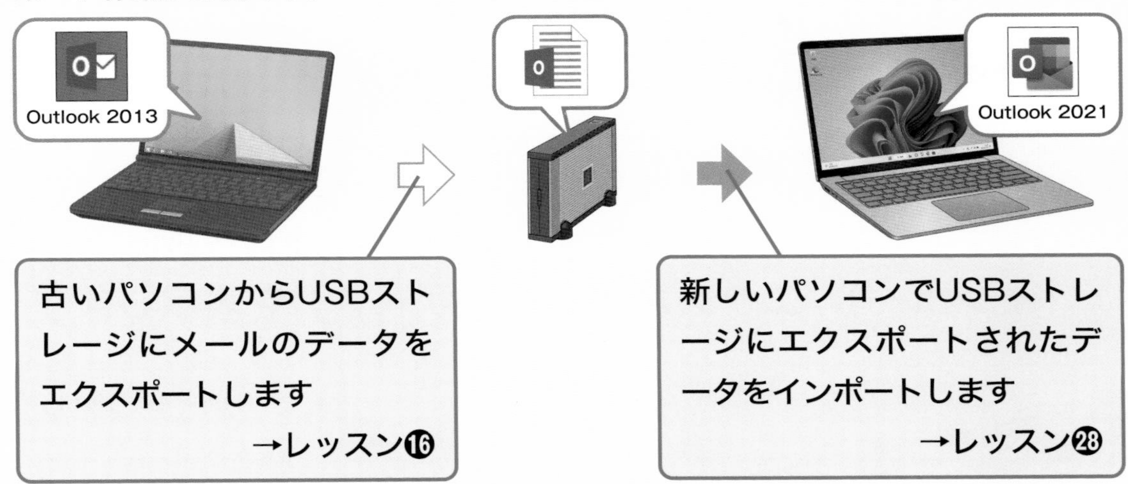

［メール］アプリでメールを移行する流れ

Windowsの初期設定でMicrosoftアカウントを設定すると、Windows標準の［メール］アプリにOutlook.comのメールアカウントが自動的に設定されます。このメールのみを利用している場合は、古いパソコンで使っていたのと同じMicrosoftアカウントを新しいパソコンに設定するだけで、送受信したメールやアドレス帳などが自動的に同期できます。

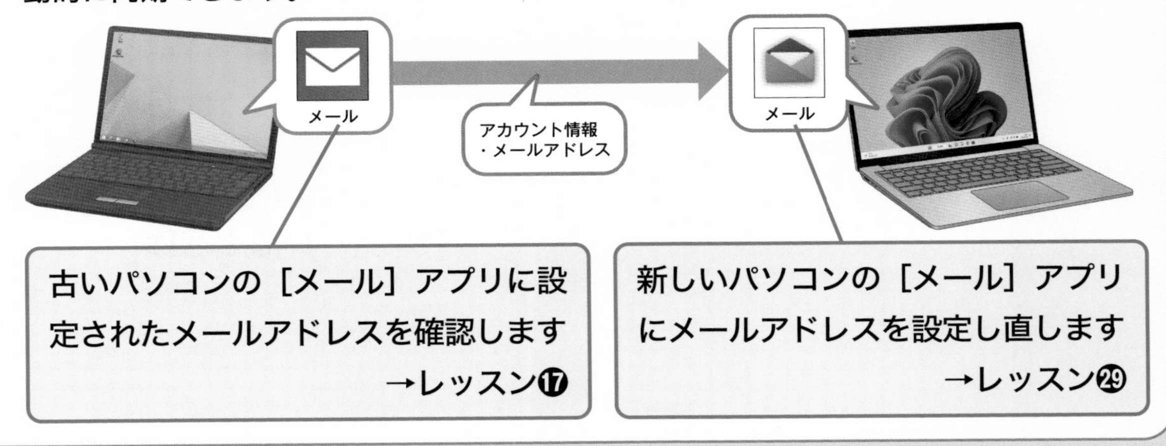

Outlookのメールやアドレス帳をコピーしよう

キーワード Outlookのデータの移行

Outlookで送受信しているメールアカウントのデータをファイルとしてエクスポートしましょう。この操作で、送受信したメールやアドレス帳、設定などが保存されます。

操作はこれだけ　クリック ➡11ページ

1 ［インポート/エクスポートウィザード］を表示します

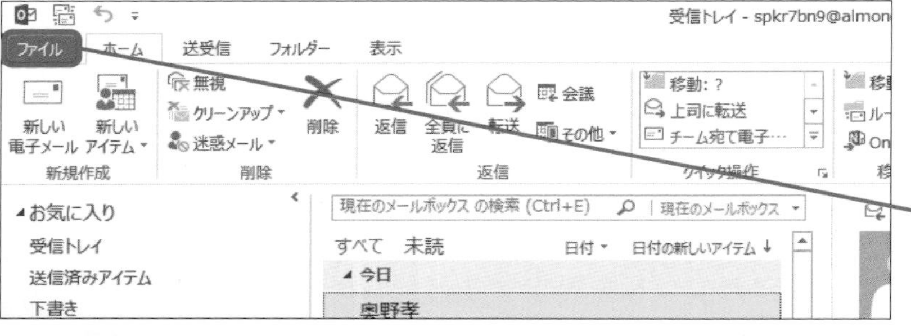

Outlookを起動しておきます

❶ ファイル をクリックします

［開く］画面が表示されました

❷ 開く/エクスポート をクリックします

❸ インポート/エクスポート をクリックします

2 ファイルのエクスポートを開始します

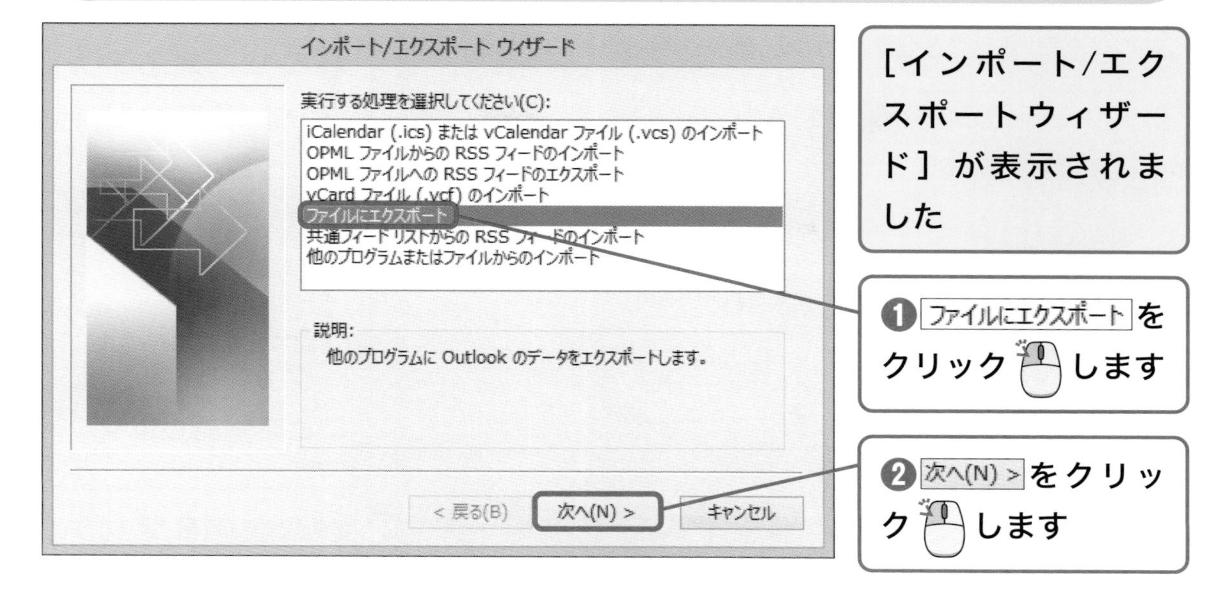

3 エクスポートするファイルの種類を選択します

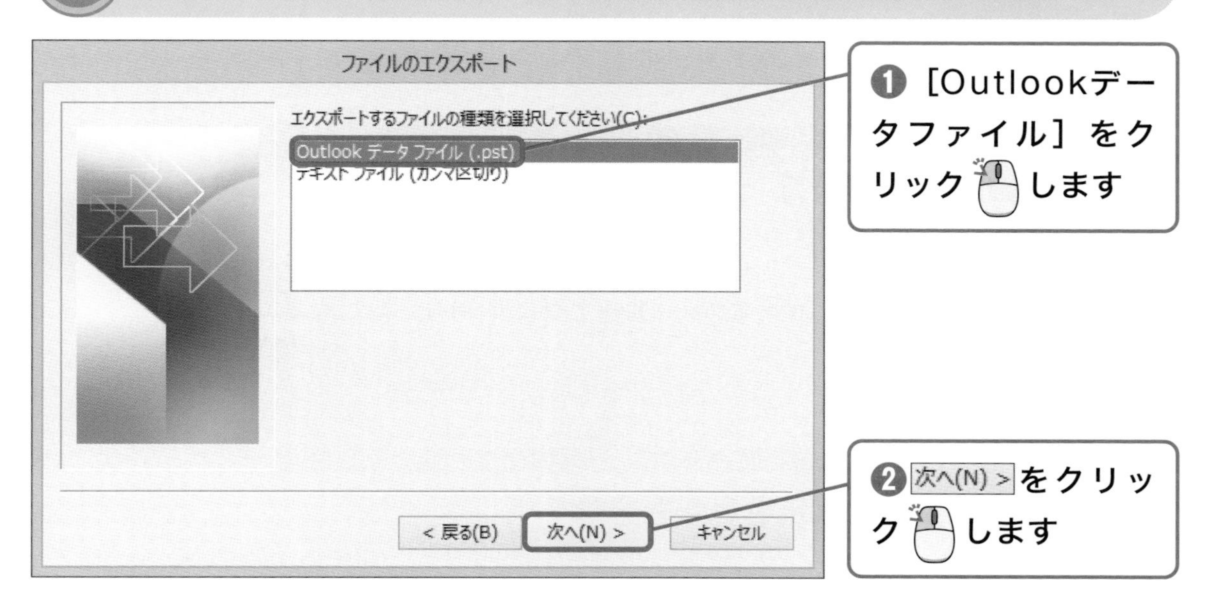

4 エクスポートするアカウントを選択します

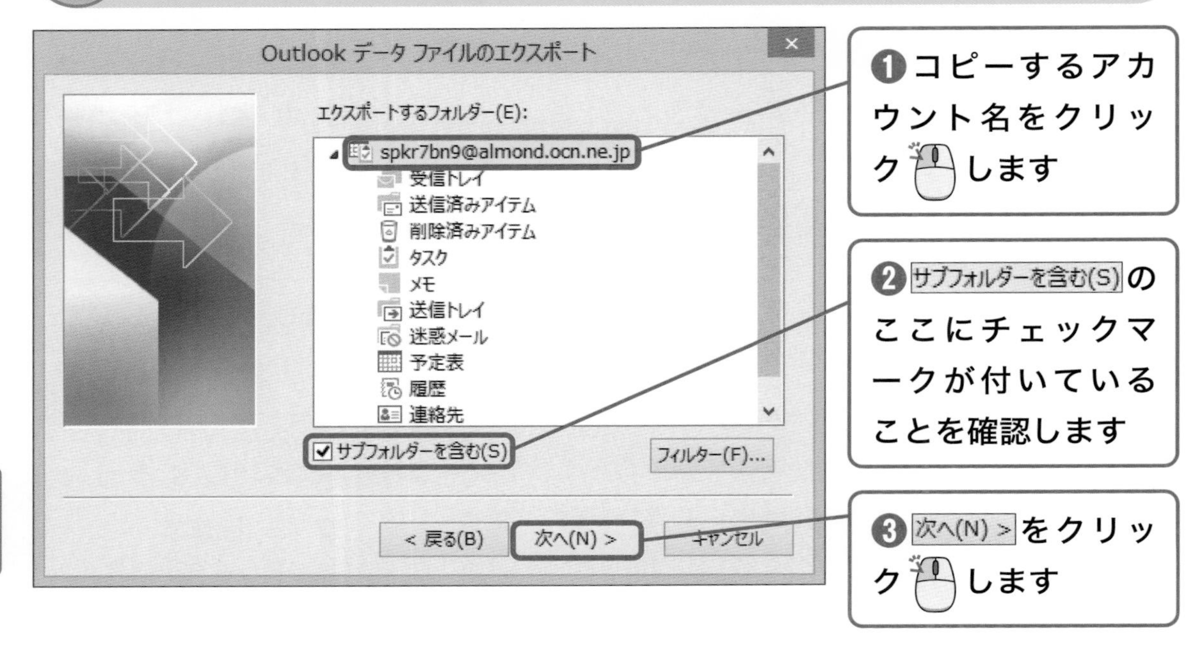

ヒント

［サブフォルダーを含む］って何？

［サブフォルダーを含む］は、フォルダーに整理したメールを含める設定です。オンにしてすべてのメールをエクスポートしましょう。

ヒント

複数のアカウントが表示されたときは

手順4で複数のアカウントが表示されたときは、アカウントごとにエクスポート操作が必要です。章末のQ&Aを参考にエクスポート操作をしましょう。ただし、Microsoftアカウントはエクスポートする必要はありません。新しいパソコンのOutlookに同じMicrosoftアカウントを設定するだけで自動的に同期されます。

ファイルの保存場所を選択します

エクスポートするファイルを保存する場所を選択します

❶ 参照(R)... をクリックします

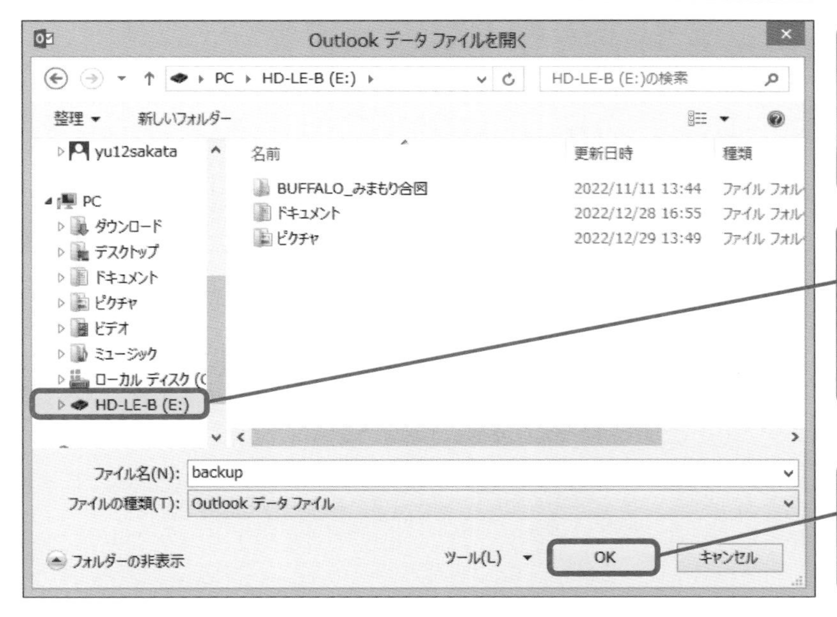

ここではUSBストレージを保存先にします

❷ [(USBストレージ名)]をクリックします

❸ OK をクリックします

6 重複したときの処理を設定します

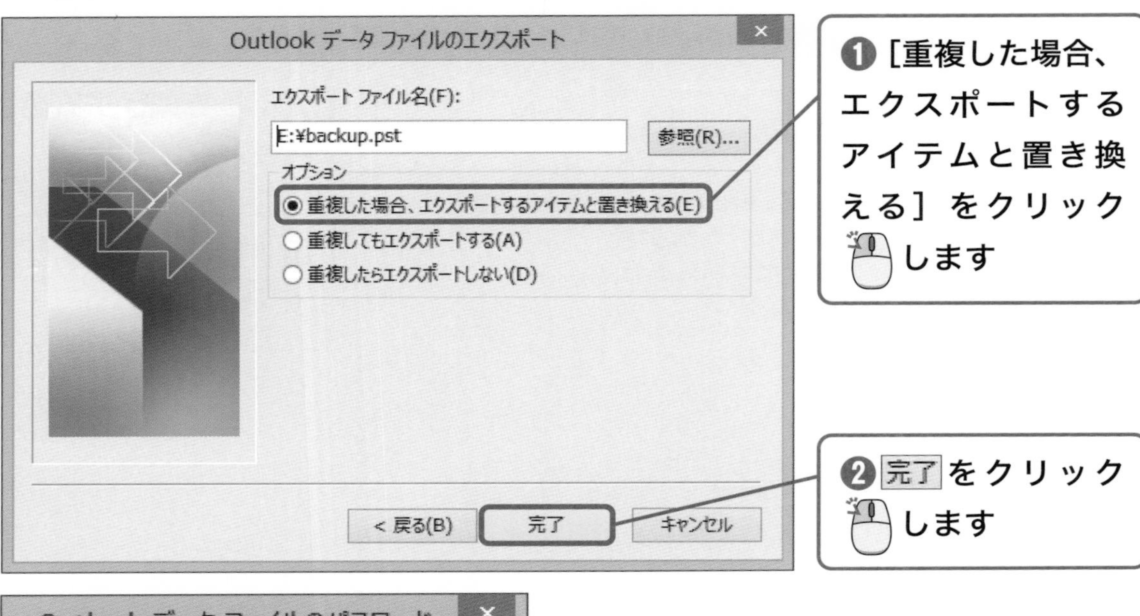

Outlook データ ファイルのパスワード

backup 用のパスワードを入力してください。

パスワード(P):

パスワードをパスワード一覧に保存(S)

OK キャンセル

❸キャンセルをクリックします

ヒント

パスワードは必要に応じて設定しよう

パスワードは、エクスポートされたファイルを第三者に勝手にインポートされないようにするための設定です。本書では設定していませんが、USBストレージを他の用途にも使う可能性がある場合は設定しておくと安心です。

7 ファイルがエクスポートされました

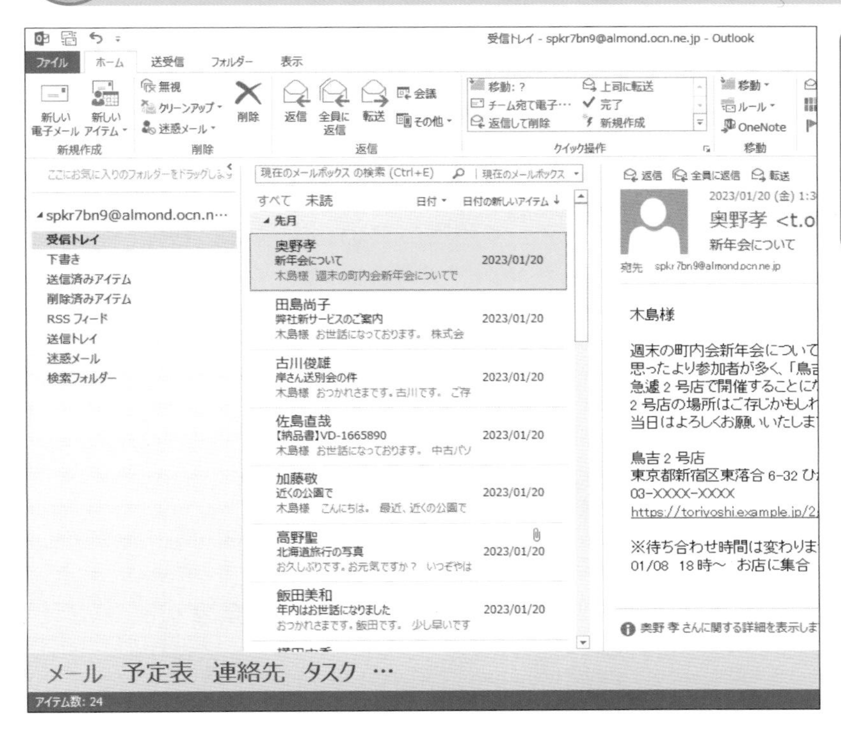

エクスポートが完了すると、Outlookの画面が表示されます

ヒント

エクスポートしたらメールの送受信をしないようにします

Outlookのデータをエクスポートした後は、古いパソコンのOutlookで新しいメールを送受信しないように注意しましょう。エクスポートしたデータに新しいメールが含まれなくなるため、新しいパソコンに一部のメールを移行できなくなります。

終わり

[メール] アプリのメールを移行しよう

キーワード [メール] アプリのデータの移行

Microsoftアカウントのメールを[メール]アプリで利用している場合は、特に移行作業は必要ありません。新しいパソコンで再設定するためのアカウント情報だけを確認します。

操作はこれだけ

クリック ➡11ページ

ドラッグ ➡12ページ

1 [メール] アプリの設定画面を表示します

[メール] アプリを起動しておきます

❶ここに を合わせます

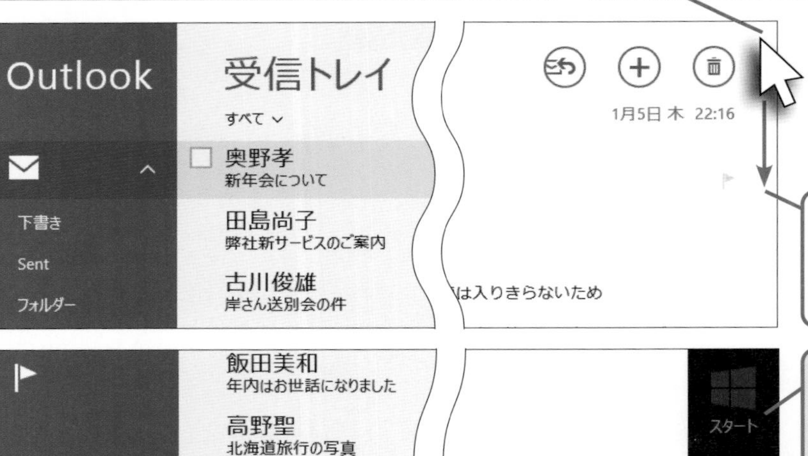

❷ここまでドラッグ します

チャームが表示されました

❸[設定] をクリック します

② 設定されているアカウントを確認します

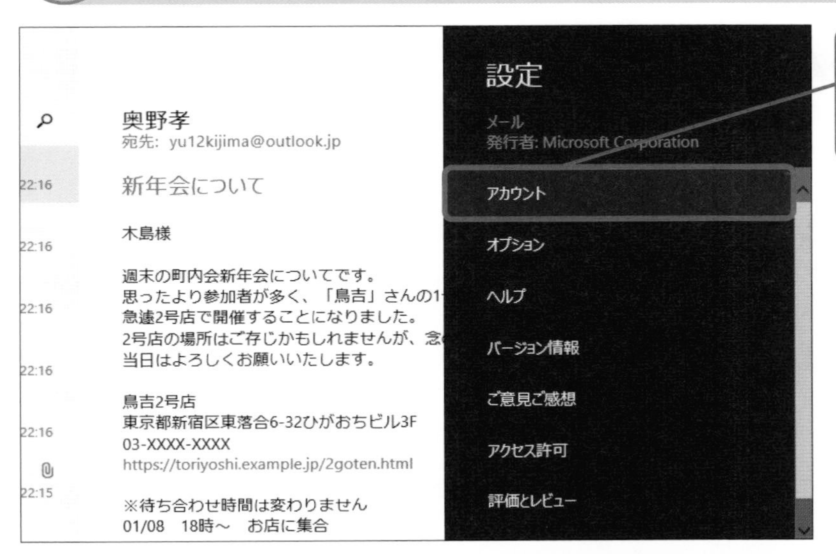

アカウントをクリックします

Microsoftアカウントのメールアドレスが表示されました

ヒント

どうしてアカウントの確認しかしないの？

［メール］アプリのデータは、同じMicrosoftアカウントを新しいパソコンに設定するだけで同期できます。ただし、移行に必要な情報のうち、確認できるのはアカウントのみです。パスワードは新しいパソコンに自分で入力する必要があります。忘れた場合は、付録2を参考にパスワードを再設定しましょう。

終わり

USBストレージを取り外そう

引っ越しに必要なファイルをすべてUSBストレージに保存し終わったら、古いパソコンから取り外します。ファイルが失われないように、取り外し操作をしてから取り外します。

操作はこれだけ　クリック ➡11ページ

1 隠れているインジケーターを表示します

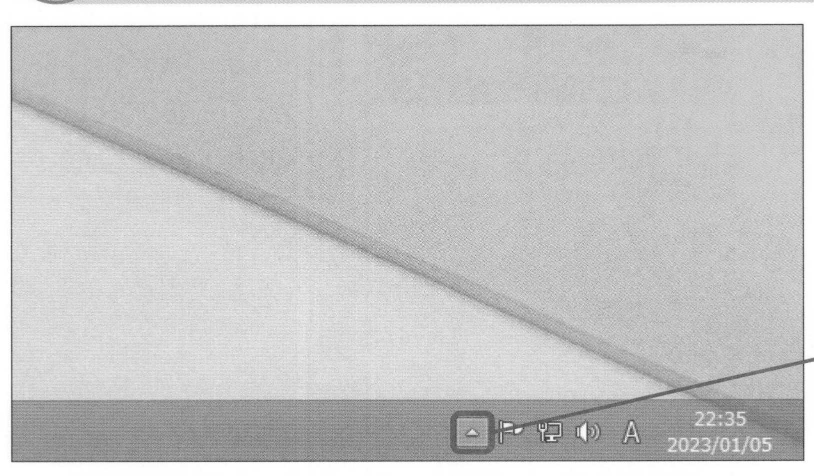

デスクトップを表示しておきます

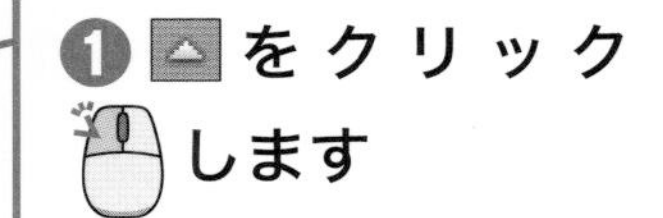

❶ をクリックします

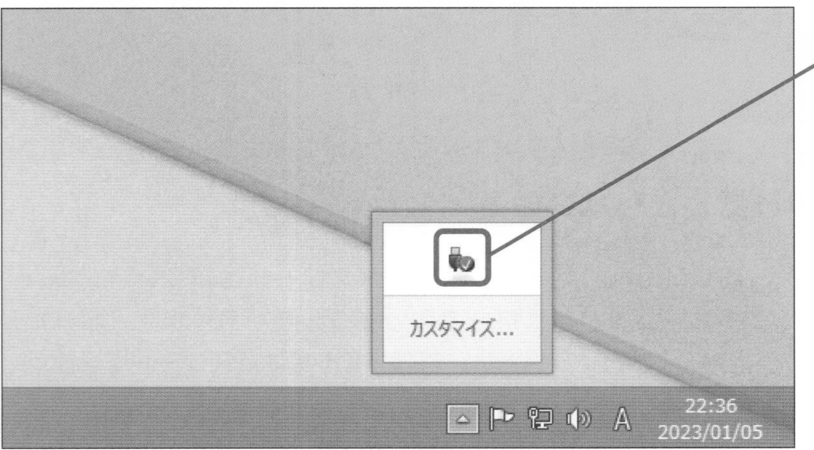

❷ をクリックします

❷ USBストレージを取り外します

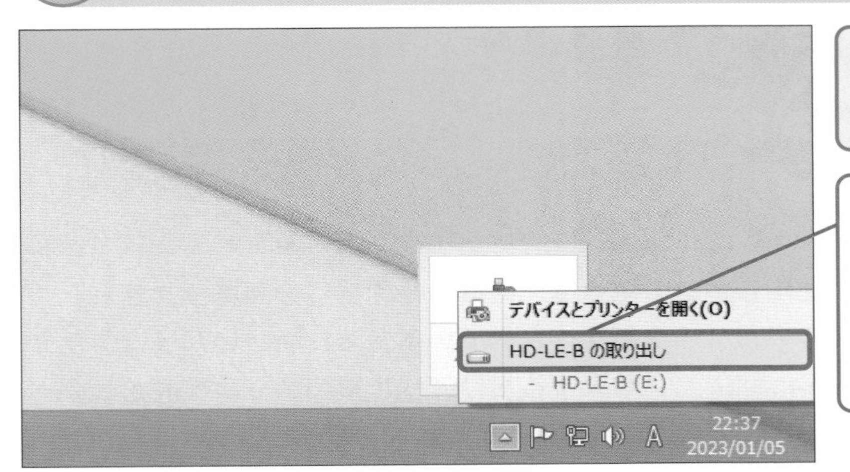

取り外すUSBストレージを選択します

❶［(USBストレージ名）の取り出し］をクリックします

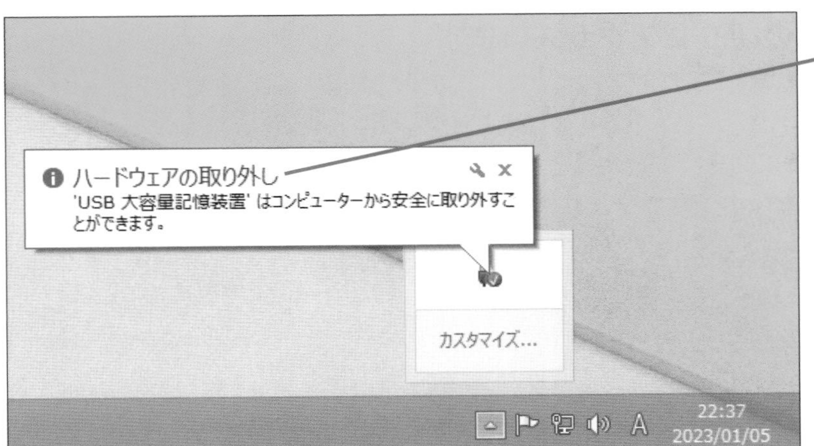

［ハードウェアの取り外し］と表示され、USBストレージが取り外せるようになりました

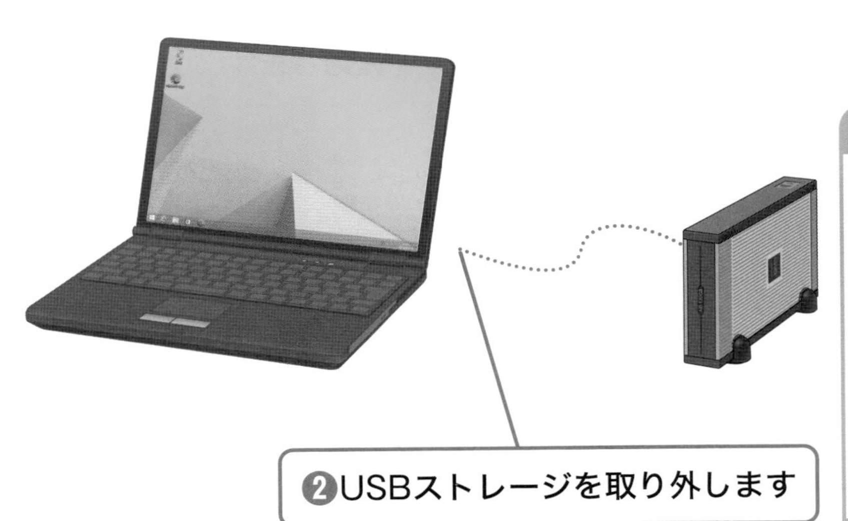

❷USBストレージを取り外します

ヒント

エラーが表示されたら

ファイルのコピー中に取り外そうとするとエラーが表示されます。コピーがすべて完了するまで待ちましょう。

終わり

Gmailは移行できるの？

A 同じアカウントでログインするだけです

Gmailをブラウザーで利用している場合は、特に移行作業は必要ありません。Gmailはクラウド上にメールデータが保存されているため、新しいパソコンから、同じアカウントでGmailにアクセスするだけで今までのメール環境をそのまま使えます。

❶ブラウザーで以下のURLにアクセスします

Gmail
https://mail.google.com/

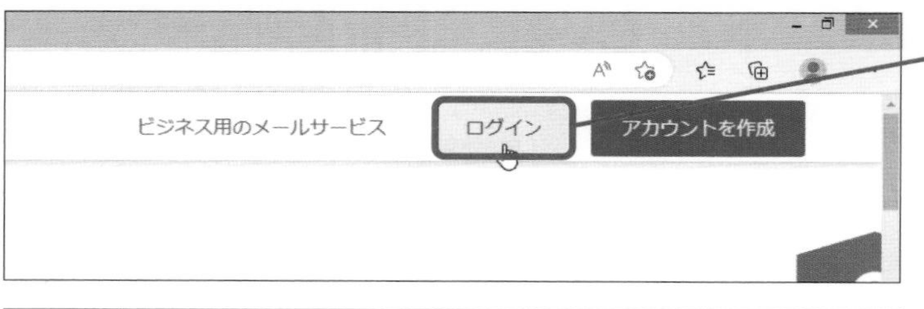

❷ ログイン をクリックします

❸メールアドレスを入力します

❹ 次へ(N) > をクリックします

画面の指示に従ってログインの操作を進めます

複数のプロバイダーのメールはバックアップできるの？

A 同様にエクスポートしておきます

会社や個人など、Outlookに複数のメールアカウントが追加設定されている場合は、アカウントごとにエクスポート操作をします。移行したいすべてのアカウントのデータをエクスポートして保存しておきましょう。

レッスン⑯の手順4の画面を表示しておきます

❶コピーするアカウント名をクリックします

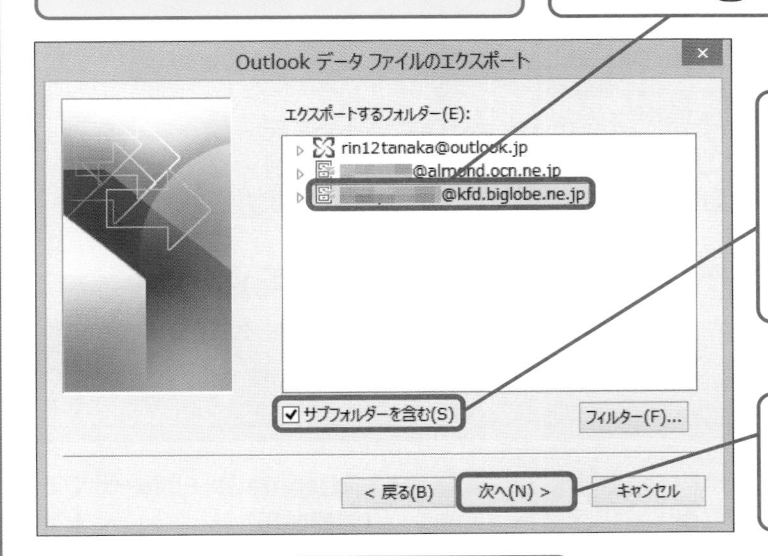

❷ サブフォルダーを含む(S) のここにチェックマークが付いていることを確認します

❸ 次へ(N) > をクリックします

レッスン⑯の手順5以降を参考に、操作を進めます

連絡先だけをバックアップしたい

A テキストファイルとしてエクスポートします

Outlookからエクスポートしたファイルには、送受信したメールに加えて連絡先も含まれています。連絡先だけをエクスポートしたいときは、以下のように[テキストファイル（カンマ区切り）]を選択後、[連絡先]を指定してエクスポートします。

レッスン⓰の手順3の画面を表示しておきます

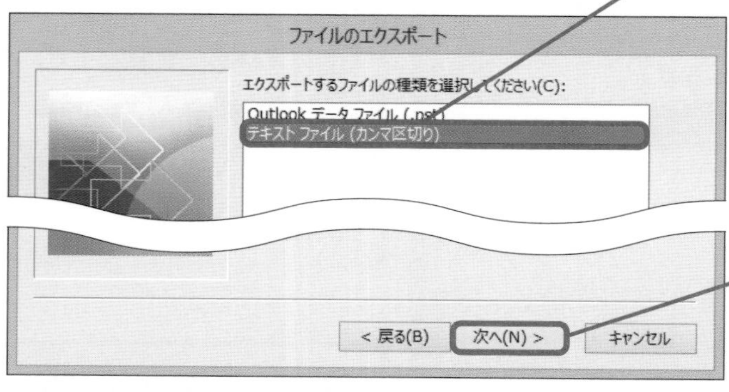

❶ テキスト ファイル (カンマ区切り) をクリックします

❷ 次へ(N) > をクリックします

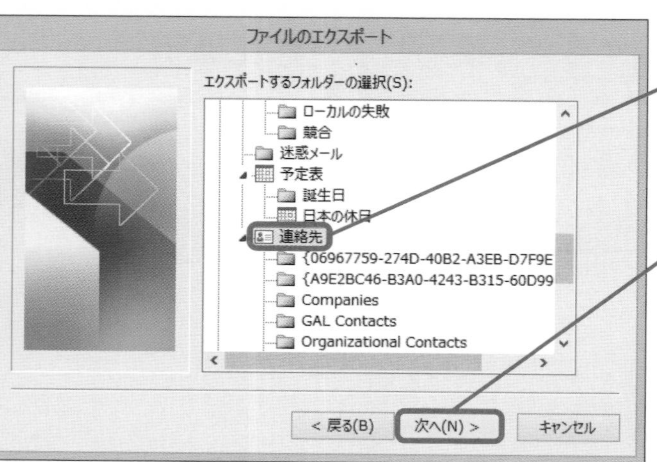

❸ 連絡先 をクリックします

❹ 次へ(N) > をクリックします

画面の指示に従って操作を進めます

第4章

新しいパソコンにデータを移そう

USBストレージに保存したデータを新しいパソコンに移しましょう。文書や写真などのファイルは元の場所と同じフォルダーにコピーし、お気に入りなどアプリのデータはインポート操作によって移行します。

この章の内容

◆この章を学ぶ前に◆

レッスン 19

データを移行する流れを知ろう

ここからは新しいパソコンで作業します。引っ越し用のデータが保存されたUSBストレージを接続し、文書や写真、お気に入りなどのデータを移行しましょう。

データの移行に必要なものを確認しよう

引っ越し先となる新しい環境を準備しましょう。新しいパソコン本体を用意するのはもちろんですが、古いパソコンからデータをコピーしたUSBストレージも忘れずに用意しておきましょう。

◆新しいパソコン
移行先となるパソコンを準備します。電源アダプターを接続して、バッテリーで動作しないようにします

◆ USBストレージ
古いパソコンから移行するファイルやデータが保存されたUSBストレージを準備します

ヒント

USBストレージのケーブルとパソコンの端子を再確認しましょう

新しいパソコンのUSB端子の形状が古いパソコンと違うときは、USBケーブルを変更するか、USBケーブルの端子の形状を変える変換アダプタを用意しましょう。

新しいパソコンに移行する流れを確認しよう

引っ越し作業の流れを確認しておきましょう。最初に新しいパソコンを初期設定して使える状態にします。その後、引っ越し用のUSBストレージを新しいパソコンに接続し、データをコピーします。基本的には、古いパソコンと同じフォルダーにコピーしますが、お気に入りのデータなどアプリでのインポート操作が必要なデータもあります。

❶新しいパソコンをセットアップします

新しいパソコンのセットアップを実行します。セットアップが完了している場合は、レッスン㉑「自動バックアップをオフに設定しよう」に進みます。

→レッスン⑳、㉑

❷USBストレージを新しいパソコンに接続します

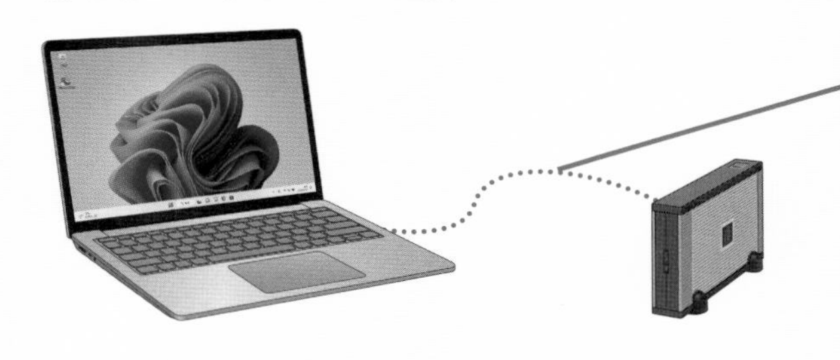

USBストレージを新しいパソコンに接続し、エクスプローラーで表示します

→レッスン㉒

❸データを新しいパソコンに移行します

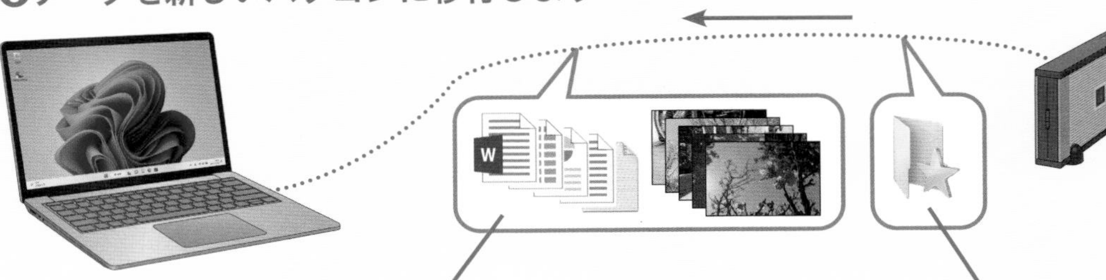

[ドキュメント] フォルダーや写真、デスクトップのファイルを移行します

→レッスン㉓、㉔、㉕

ブラウザーのお気に入りを移行します

→レッスン㉖

Windows 11をセットアップしよう

キーワード Windows 11のセットアップ

新しいパソコンを使える状態にしましょう。Windows 11の初期セットアップで古いパソコンと同じMicrosoftアカウントでサインインしておきます。

操作はこれだけ

クリック ➡11ページ

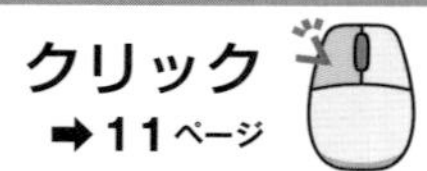

ドラッグ ➡12ページ

入力する ➡13ページ

1 住んでいる地域を確認します

電源ボタンには⏻が付いています

❶電源ボタンを押します

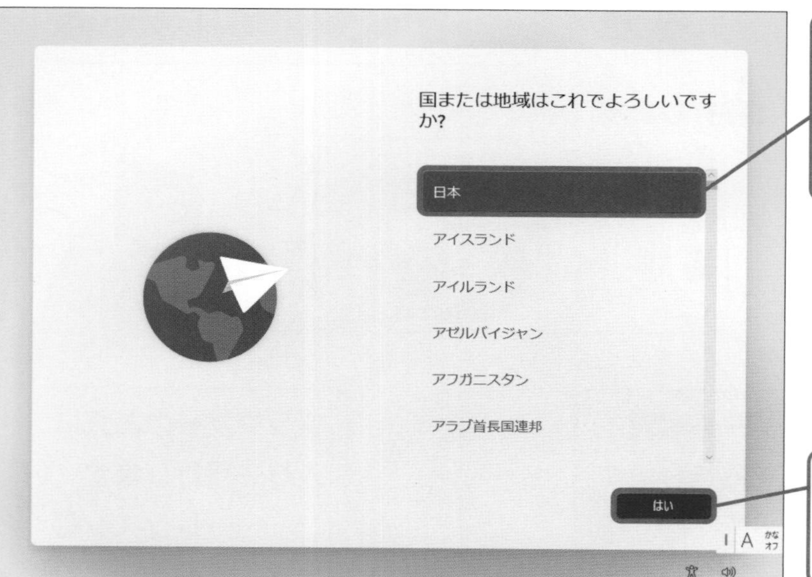

❷ 日本 が選択されていることを確認します

❸ はい をクリックします

② キーボードの設定をします

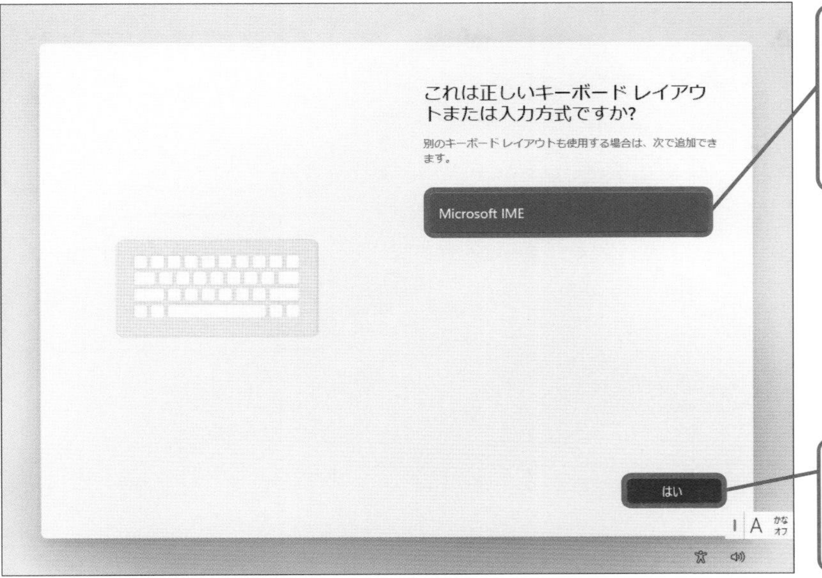

❶ Microsoft IME が選択されていることを確認します

❷ はい をクリックします

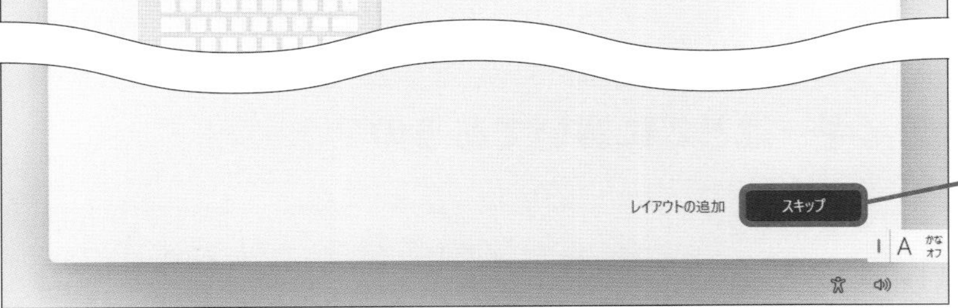

ここでは2つ目のキーボードレイアウトは追加しません

❸ スキップ をクリックします

ヒント

キーボードレイアウトって何?

日本語の場合、キーボードレイアウトには標準の［Microsoft IME］を選択します。別の言語も使うときはレイアウトを追加します。

次のページに続く ▶▶▶

3 無線LANに接続します

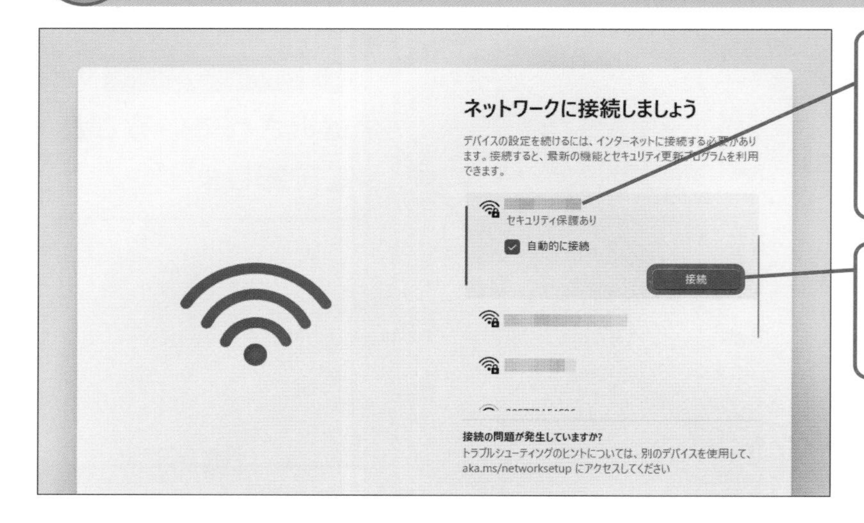

❶接続するアクセスポイントをクリックします

❷ 接続 をクリックします

ヒント

必ずネットワークに接続してセットアップを行いましょう

初期セットアップにはネットワーク接続が必要です。自宅のWi-Fiルーターに、Wi-Fi、もしくはＬＡＮケーブルでパソコンを接続しておきましょう。正しく接続されていないと設定ができません。

ヒント

ネットワークセキュリティキーはどこに書いてあるの？

Wi-Fiに接続するためのネットワークセキュリティキーは、自宅に設置されているWi-Fiルーターの背面や底面などに記載されています。「暗号化キー」や「ワイヤレスパスワード」などと記載されている場合もあります。また、初期設定時に自分で設定する機種もあります。詳しくはWi-Fiルーターの取扱説明書を参照してください。

ネットワークセキュリティキーは、無線LANアクセスポイントの側面や背面に明記されています

ネットワーク名(SSID) PIN:1726
プライマリSSID　:aterm-　-g
暗号化キー(AES)　:83c16e3
セカンダリSSID　:aterm-　-gw
暗号化キー(128WEP):58283be
＊暗号化キー初期値は0～9、a～fを使用

ネットワークセキュリティキーを入力します

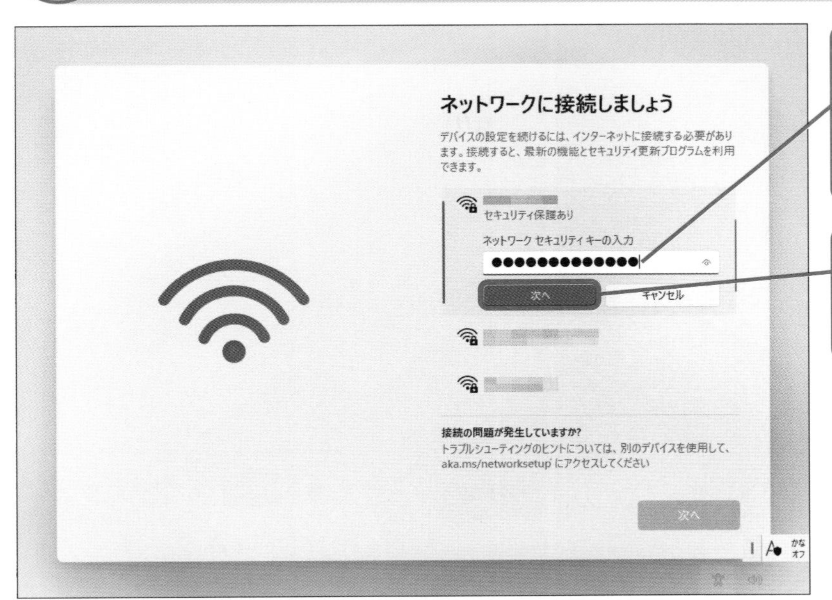

❶ネットワークセキュリティキーを入力します

❷ 次へ をクリックします

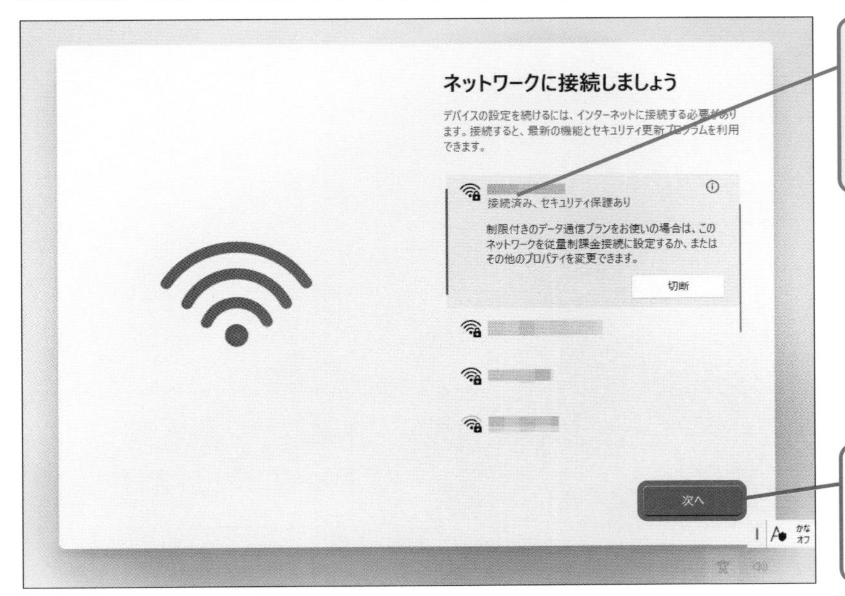

無線LANに接続されると、[接続済み]と表示されます

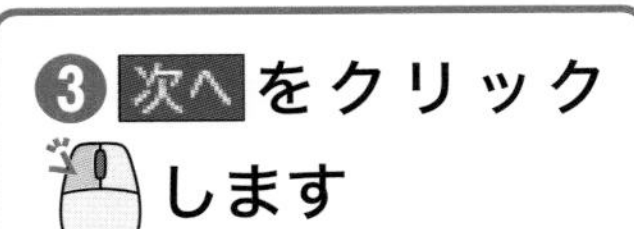

❸ 次へ をクリックします

ライセンス契約に同意します

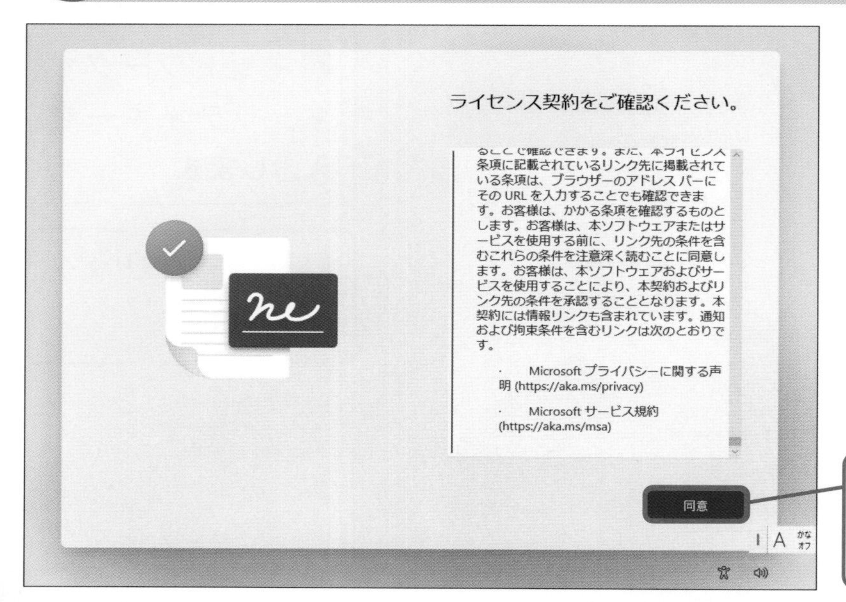

❶ 同意 をクリックします

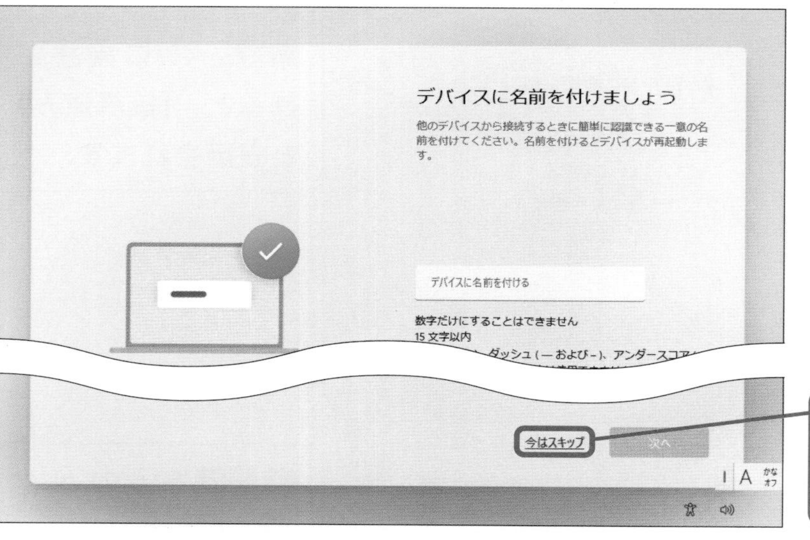

❷ 今はスキップ をクリックします

ヒント

デバイスの名前って何？

デバイスの名前は、ネットワーク上でパソコンを識別するために使われます。ホームネットワークで接続先を指定したり、Microsoftアカウントに登録されたパソコンの管理情報を参照したりするときに使います。

6 Microsoftアカウントの設定を開始します

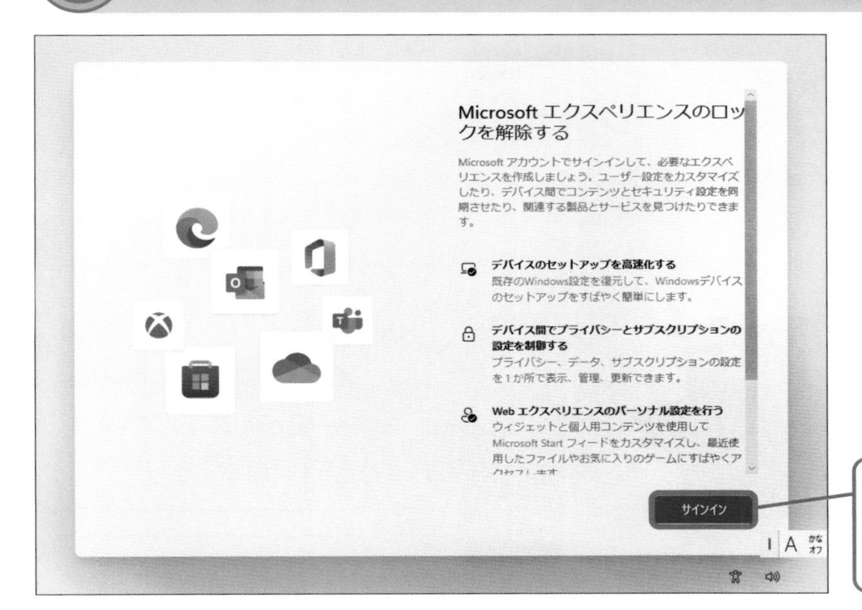

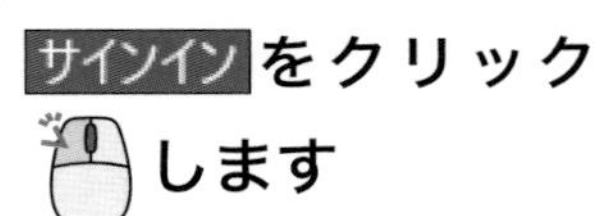

サインイン をクリックします

ヒント

Microsoftアカウントを新しく取得するには

Windows 11では、Windowsにサインインするときのアカウントとして Microsoftアカウントを利用します。通常は、古いパソコンと同じものを使います。もしも、Microsoftアカウントがない場合は、以下のように［作成］から無料で新しいMicrosoftアカウントを取得できます。詳しい手順は付録1を参照してください。

手順7の画面を表示しておきます

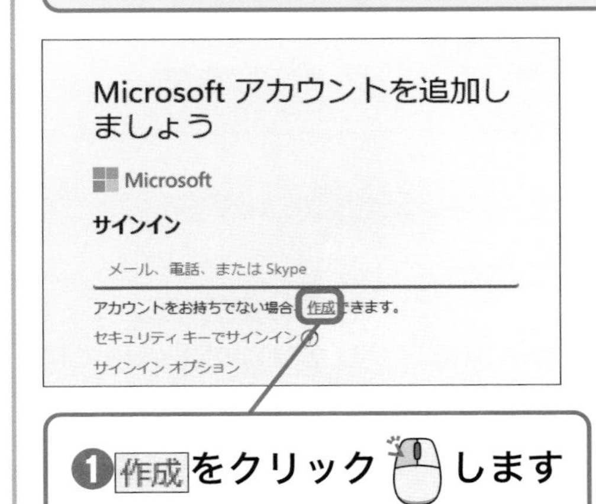

❶ 作成 をクリックします

❷ 新しいメール アドレスを取得 をクリックします

画面の指示に従って操作を進めます

次のページに続く ▶▶▶

Microsoftアカウントを設定します

Microsoftアカウントを持っていないときは、前のページのヒントを参考に、Microsoftアカウントを作成しながらセットアップを進めます

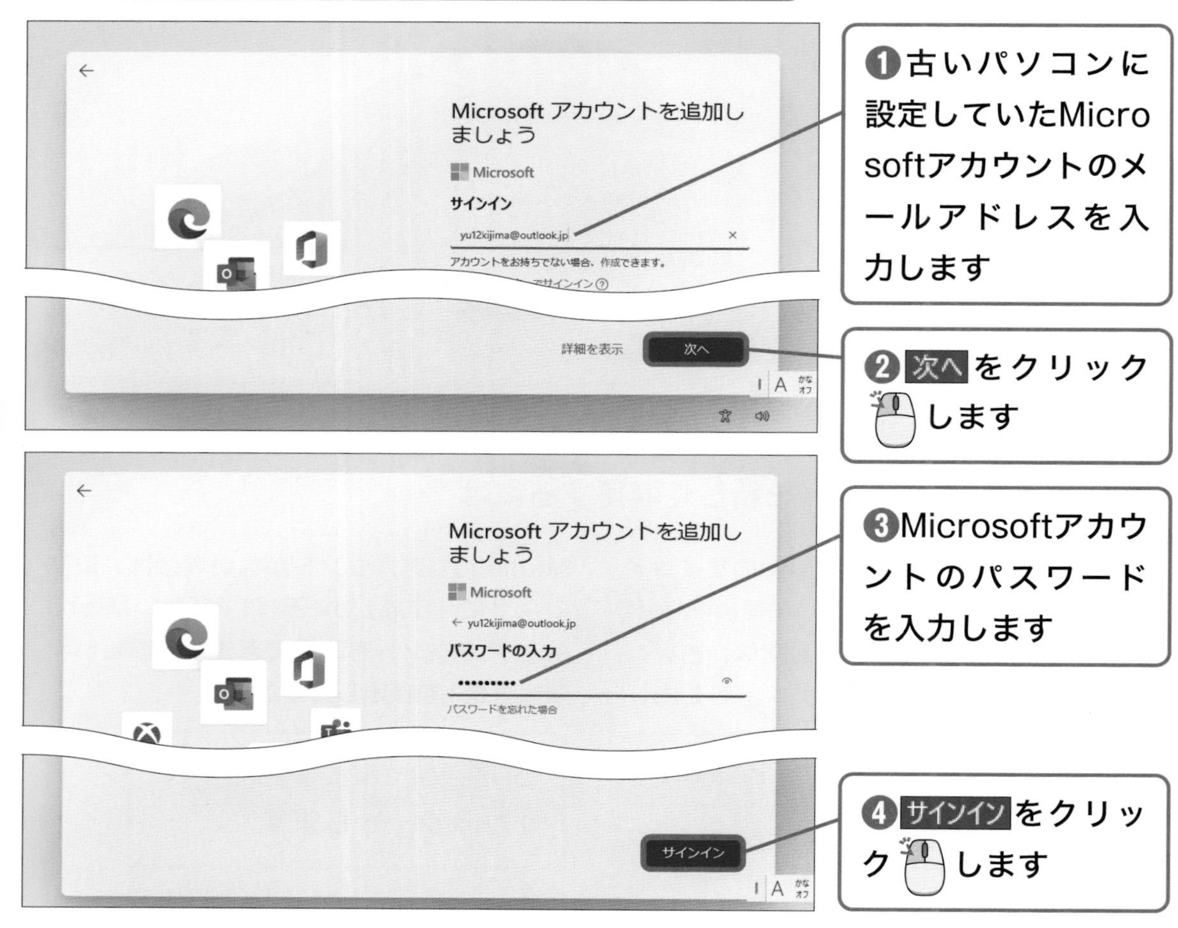

❶古いパソコンに設定していたMicrosoftアカウントのメールアドレスを入力します

❷ 次へ をクリックします

❸Microsoftアカウントのパスワードを入力します

❹ サインイン をクリックします

ヒント

復元するデバイスを選択する画面が表示されたら

OneDriveによって古いパソコンの情報がクラウド上にバックアップされていた場合は、［復元するデバイスを選択］画面が表示されます。復元できるのはMicrosoft Storeの一部のアプリだけなので必須ではありません。［新しいデバイスとして設定する］を選びましょう。

8 PINを作成します

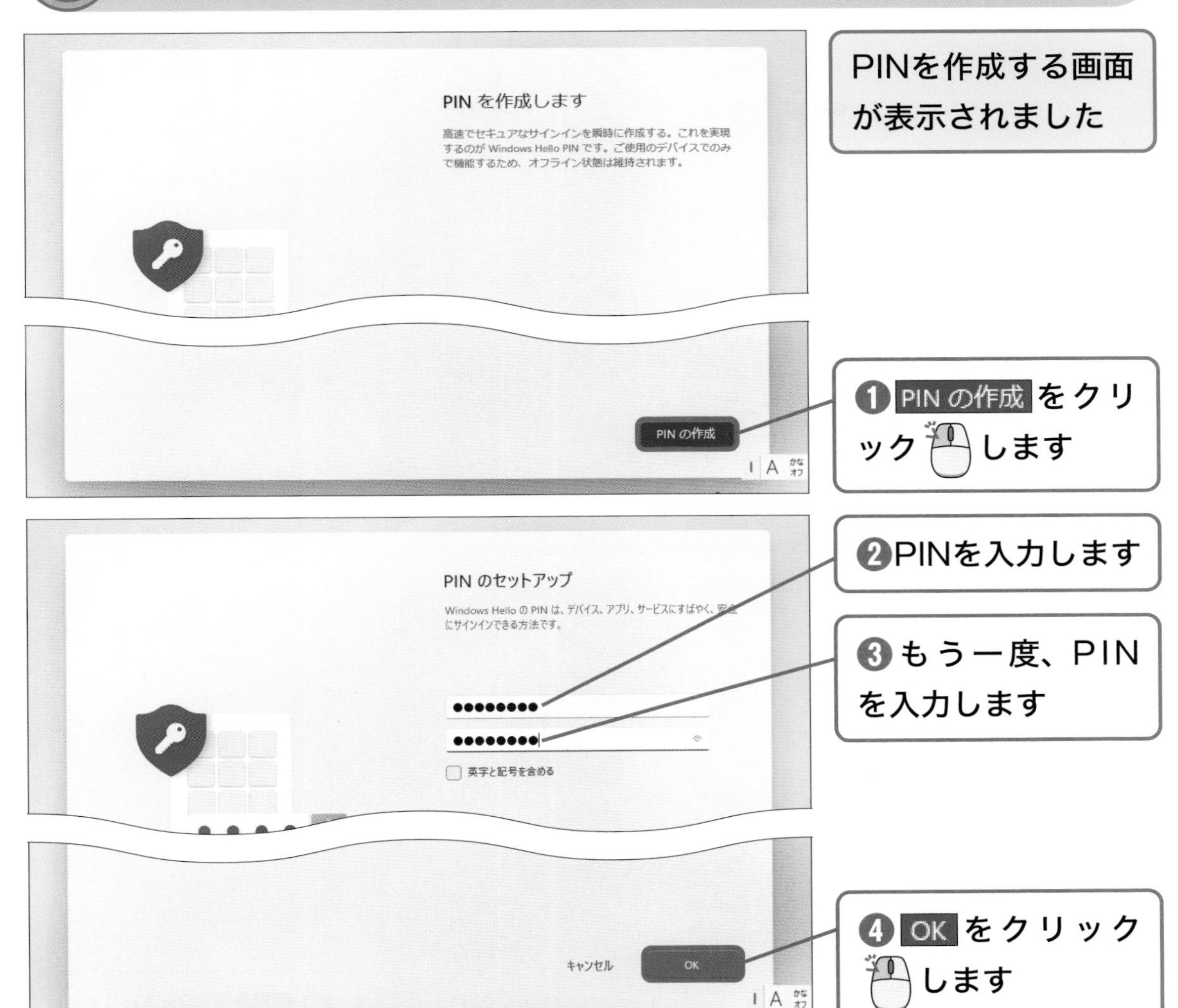

PINを作成する画面が表示されました

❶ PIN の作成 をクリックします

❷PINを入力します

❸もう一度、PINを入力します

❹ OK をクリックします

ヒント

PINってなに？

PINは、Windowsやクラウドサービスにサインインするときに、パスワードの代わりとして使う暗証番号です。パスワードそのものを入力しなくて済むため、大切なパスワードの漏えいを防ぐことができます。パスワードは漏えいするとインターネット上から誰でも悪用できてしまいますが、PINは設定したパソコン上でしか使えないため、万が一、漏えいしても第三者が外部から悪用することができません。

次のページに続く ▶▶▶

9 プライバシー設定を確認します

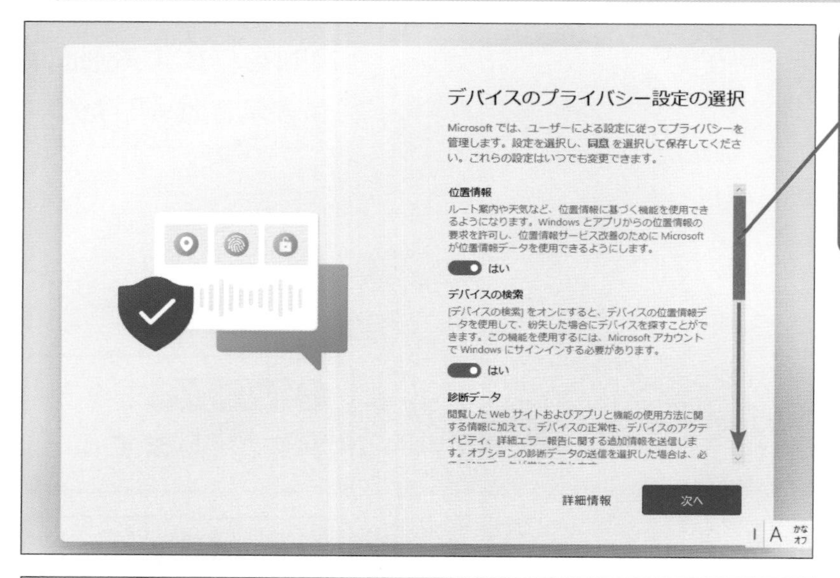

❶ここをドラッグして下にスクロールしながら内容を確認します

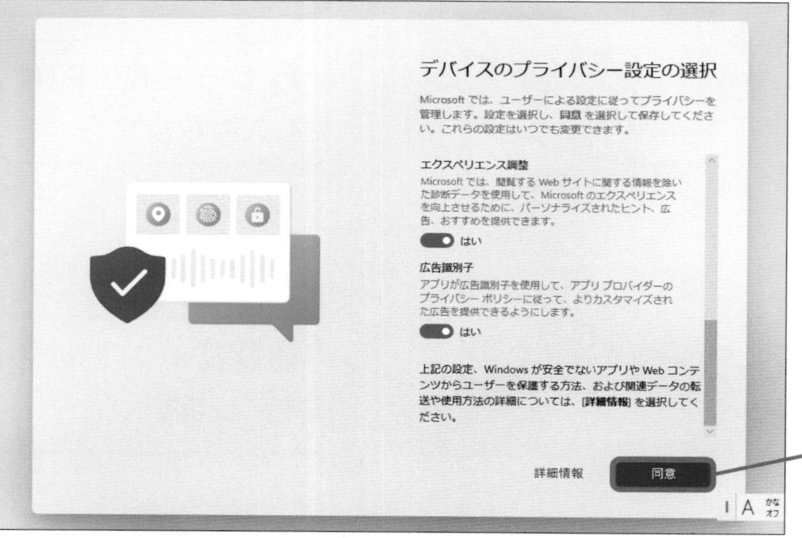

❷ 同意 をクリックします

第4章 新しいパソコンにデータを移そう

ヒント

プライバシー設定ってなに？

プライバシー設定は、利用状況などの情報収集をマイクロソフトに許可するかどうかを決める設定です。Windowsの品質改善のために使われる匿名の情報となるため、通常は［はい］のままで進めてかまいません。

⑩ 各種の設定をスキップします

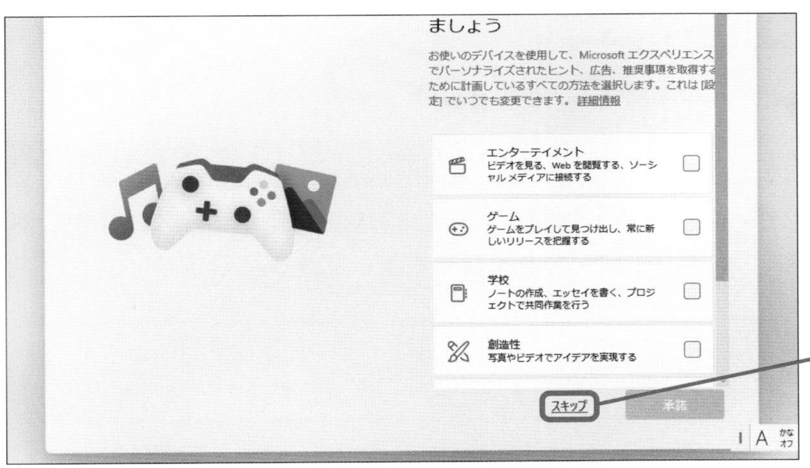

❶ スキップ をクリックします

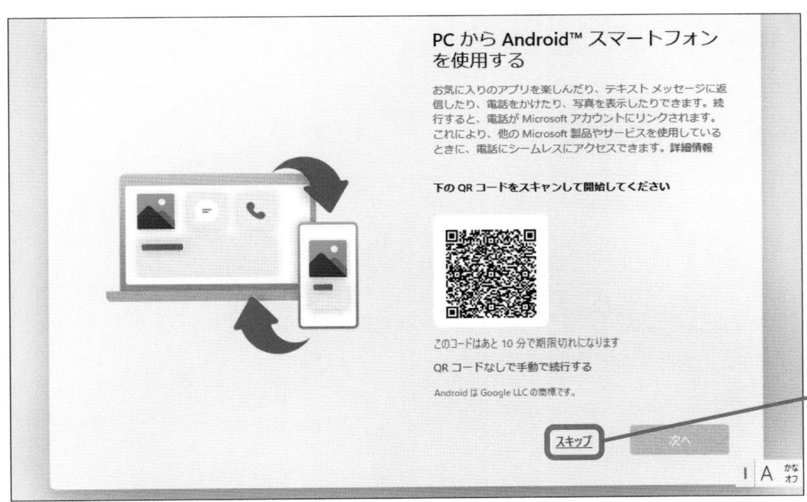

❷ スキップ をクリックします

❸ 今はしない をクリックします

デスクトップが表示されます

自動バックアップをオフに設定しよう

キーワード OneDriveの自動バックアップの停止

Windows 11は「OneDrive」でクラウドにデータが自動バックアップされますが、無料版では5GBまでになります。移行するデータの容量を考慮してオフにします。

操作はこれだけ　クリック ➡11ページ

1 OneDriveの設定画面を表示します

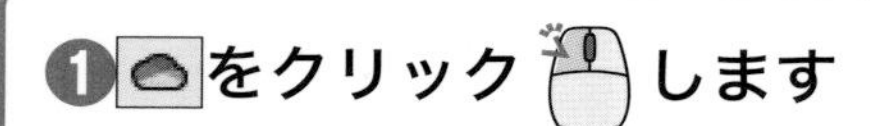

❷ をクリックします

❸ 設定(B) をクリックします

ヒント

オフにしないとどうなるの？

オフにせずに、古いパソコンのデータを大量に移行すると、途中でバックアップ先のOneDriveの容量が足りなくなりエラーが表示されます。

2 バックアップの設定を確認します

バックアップを管理をクリックします

Microsoft OneDrive

このデバイスのフォルダーを OneDrive にバックアップする

このデバイスを紛失した場合でも、ファイルはバックアップされ、保護され、OneDrive - 個人用 の任意の場所で利用できるようになります。
フォルダーのバックアップに関する詳細情報

ドキュメント	KB 2	バックアップの準備完了
写真	KB 6	バックアップの準備完了
デスクトップ	KB 0	バックアップ済み

バックアップ後に GB 5 の内 GB < 0.1 が使用されます
より多くのファイルをより多くのストレージと同期する
追加のストレージを取得

閉じる　変更の保存

[ドキュメント][写真][デスクトップ]がOneDriveと同期されています

ヒント

Microsoft 365を契約していればそのままでよい

Microsoft 365を契約しているMicrosoftアカウントであればOneDriveを1TBまで使えます。データを自動的にバックアップできる便利な機能なので、オンのまま活用しましょう。

次のページに続く ▶▶▶

3 バックアップを停止します

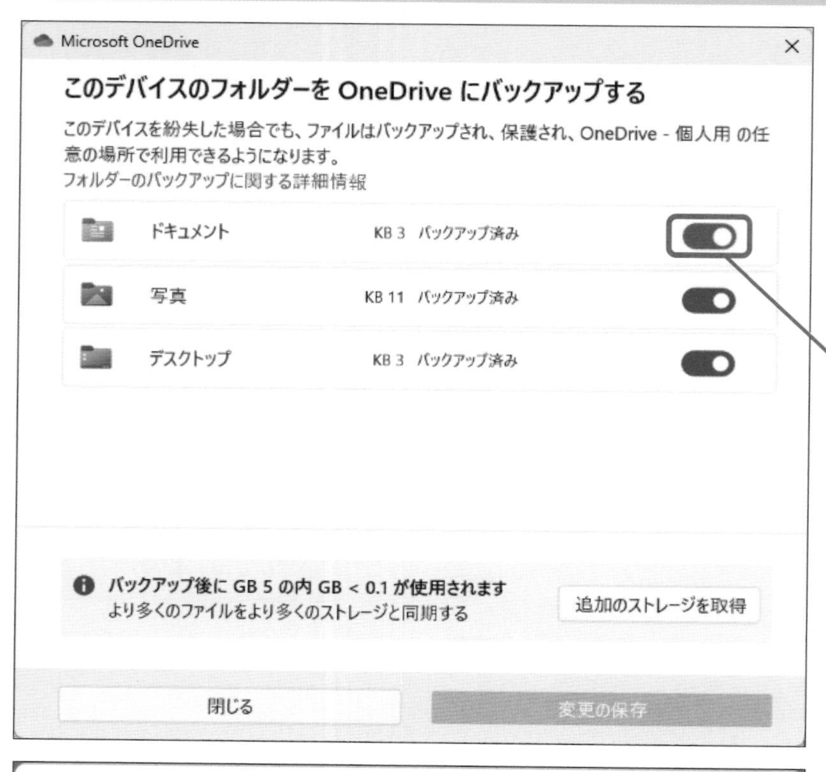

ここでは［ドキュメント］フォルダーのファイルのバックアップを停止します

❶ ドキュメント の [トグル] をクリック します

フォルダーのバックアップを停止しますか?

フォルダーのバックアップを停止すると、新しいファイルはお使いのデバイスにのみ保存され、他のデバイスでは使用できなくなるか、OneDrive で保護されます。

バックアップの続行　　バックアップの停止

❷ バックアップの停止 をクリック します

ヒント

必要に応じてオンにしよう

場合によっては［デスクトップ］など、一部のバックアップだけをオンにできます。第7章のレッスン㊷を参考に、5GBを超えないように工夫して設定しましょう。

4 バックアップの停止を続けます

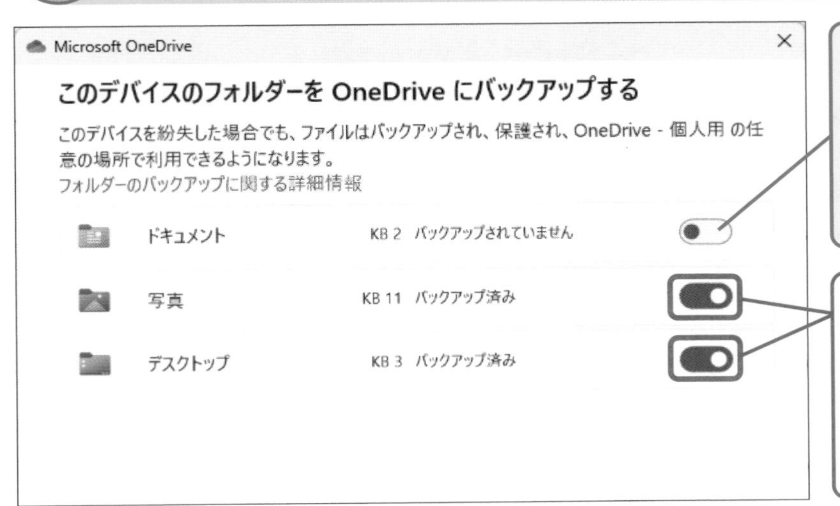

［ドキュメント］フォルダーのファイルのバックアップが停止されました

❶同様の手順で［写真］と［デスクトップ］のバックアップも停止します

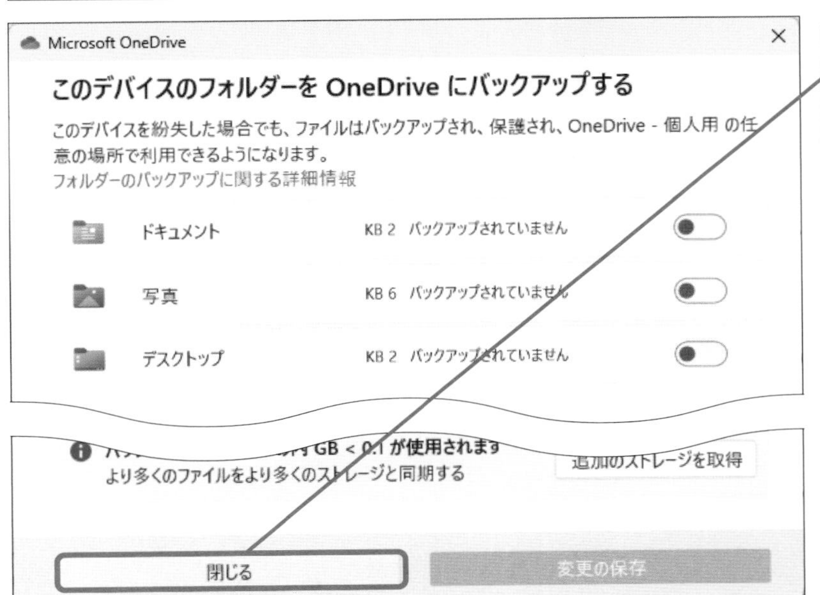

❷［閉じる］をクリックします

表示された画面で［×］をクリックします

ヒント

すでに同期されていたファイルはどうなるの？

バックアップをオフにすると、すでに［ドキュメント］フォルダーなどの同期対象フォルダーに保存されていたファイルが、［ドキュメント］フォルダーを開いても表示されなくなります。これらのファイルは、設定後に作成される［ファイルの場所］をクリックすると参照できます。必要に応じてコピーしておきましょう。

終わり

Windows 11にUSBストレージを接続しよう

キーワード 新しいパソコンへのUSBストレージの接続

古いパソコンのデータが保存されたUSBストレージを新しいパソコンに接続しましょう。USBストレージが認識されたら、データが保存されていることを確認します。

操作はこれだけ　クリック ➡11ページ

1 USBストレージをパソコンに接続します

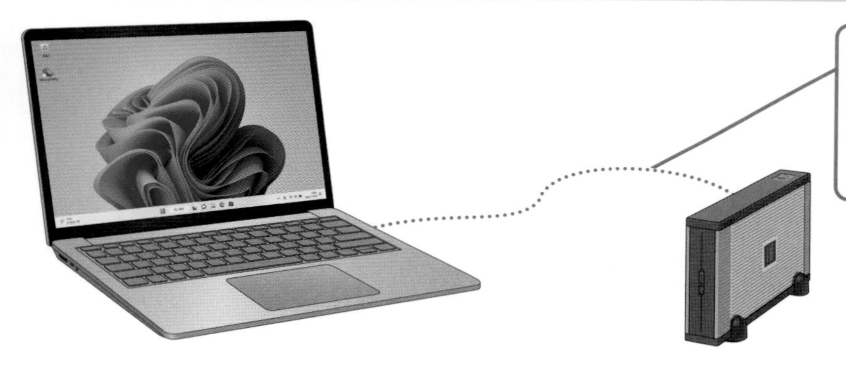

❶USBストレージをパソコンに接続します

通知メッセージが表示されました

❷しばらく待ちます

② USBストレージの内容を表示します

❶［エクスプローラー］をクリックします

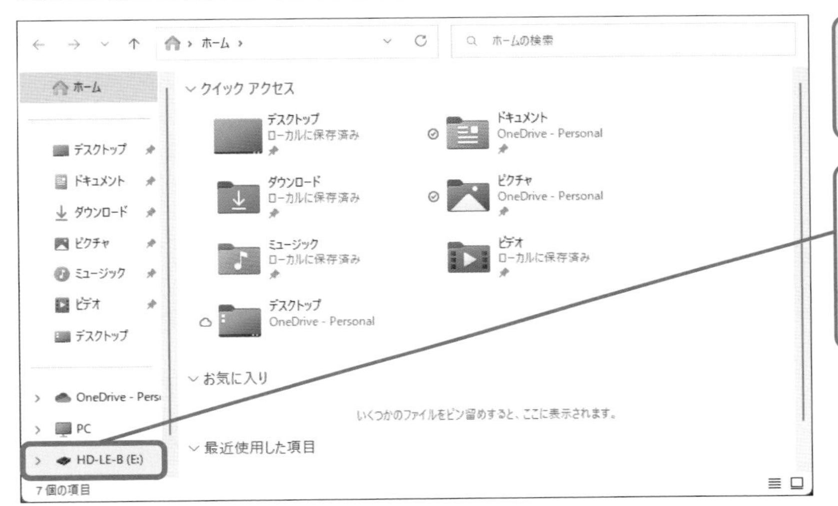

エクスプローラーが起動しました

❷［(USBストレージ名)］をクリックします

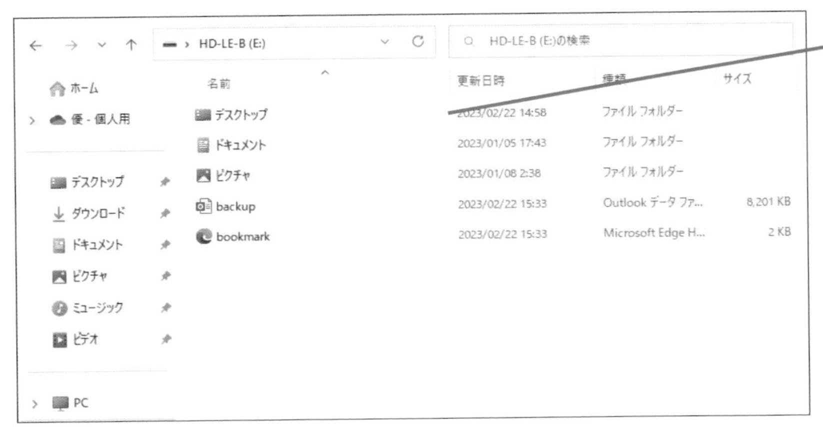

USBストレージの内容が表示されました

ヒント

通知から表示することもできる

手順１の通知をクリック後、［フォルダーを開いてファイルを表示］から内容を参照することもできます。次回から接続するだけで自動的に内容が表示されます。

終わり

コピーした[ドキュメント]フォルダーを移そう

キーワード [ドキュメント] の移動

USBストレージに保存した古いパソコンの［ドキュメント］フォルダーを新しいパソコンに移行しましょう。大切なファイルを忘れずにコピーしておきましょう。

操作はこれだけ

クリック
➡11ページ

ダブルクリック
➡11ページ

右クリック
➡12ページ

① USBストレージからコピーするファイルを表示します

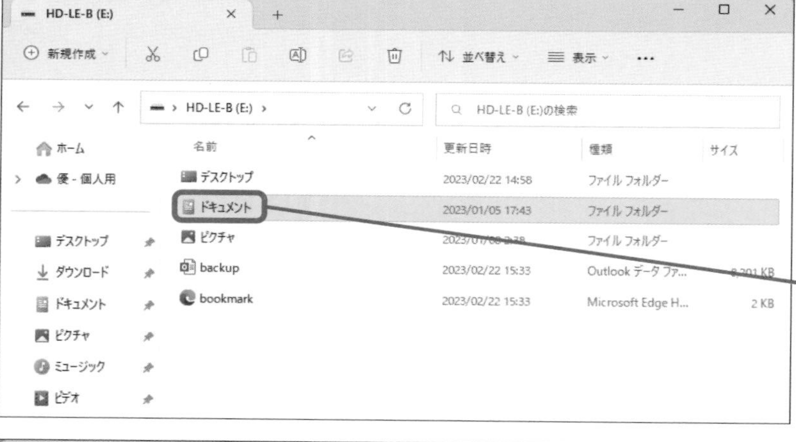

レッスン㉒を参考に、USBストレージの内容を表示しておきます

❶ ドキュメント をダブルクリックします

古いパソコンから保存されたファイルが表示されました

❷ ••• をクリックします

❸ すべて選択 をクリックします

2 USBストレージからファイルをコピーします

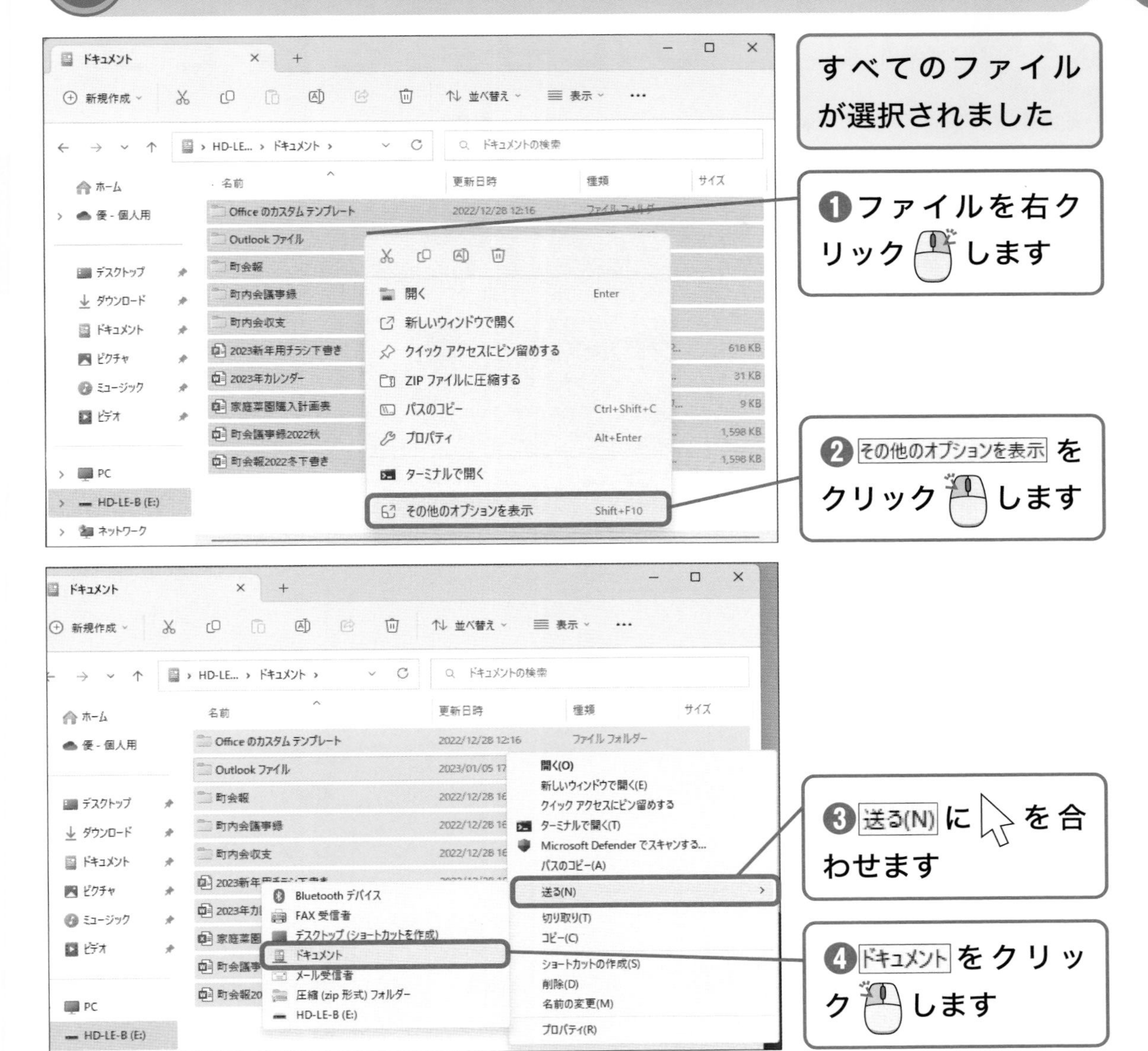

ヒント

ショートカットキーで素早くメニューを表示できます

手順2で Shift キーを押しながらファイルを右クリックすると、より多くのメニューを表示することができ、［送る］をすばやく選択できます。

終わり

コピーした写真を移そう

キーワード 写真の移動

写真のデータを移行しましょう。古いパソコンの写真は、USBストレージの［ピクチャ］フォルダーに保存されているので、すべて選択して、新しいパソコンにコピーします。

操作はこれだけ

クリック ➡11ページ　ダブルクリック ➡11ページ

❶ USBストレージからコピーする写真を表示します

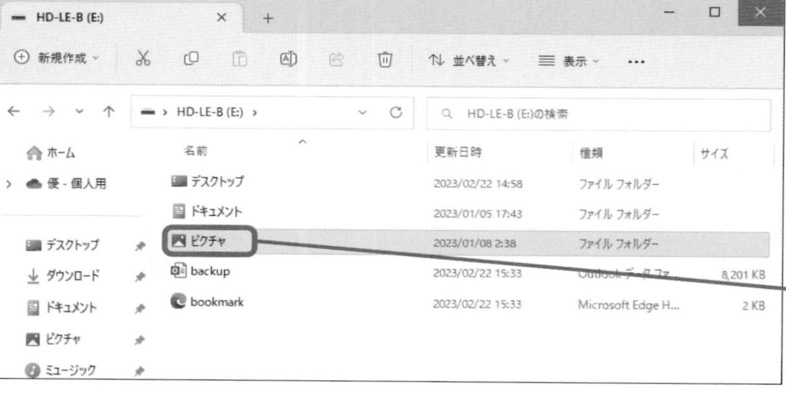

レッスン㉒を参考に、USBストレージの内容を表示しておきます

❶ ピクチャ をダブルクリックします

古いパソコンから保存されたファイルが表示されました

❷ ⋯ をクリックします

❸ すべて選択 をクリックします

2 USBストレージから写真をコピーします

すべての写真が選択されました

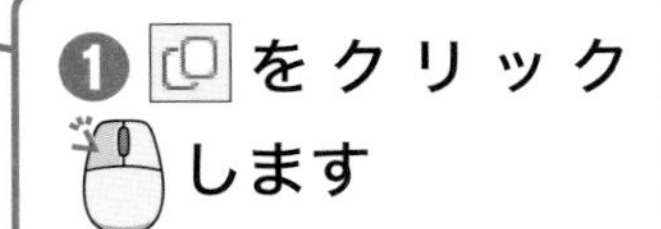

❶ をクリックします

❷［エクスプローラー］をクリックします

❸ ピクチャ をダブルクリックします

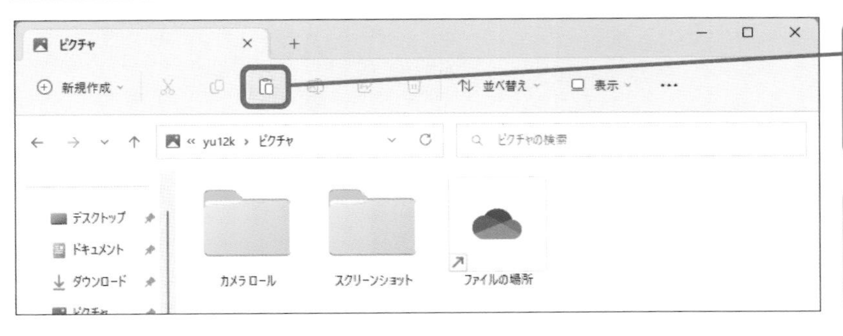

❹ をクリックします

写真がコピーされます

ヒント

ショートカットキーで素早く操作できます

コピー操作はCtrlを押しながらCキー、貼り付け操作はCtrlを押しながらVキーでも操作できます。

終わり

デスクトップのデータを移そう

キーワード ファイルの移動

[デスクトップ] のデータも忘れずに移行しましょう。新しいパソコンの [デスクトップ] フォルダーにファイルをコピーすると、デスクトップにファイルが自動的に表示されます。

操作はこれだけ　クリック ➡11ページ　ダブルクリック ➡11ページ

1 USBストレージの [デスクトップ] フォルダーを表示します

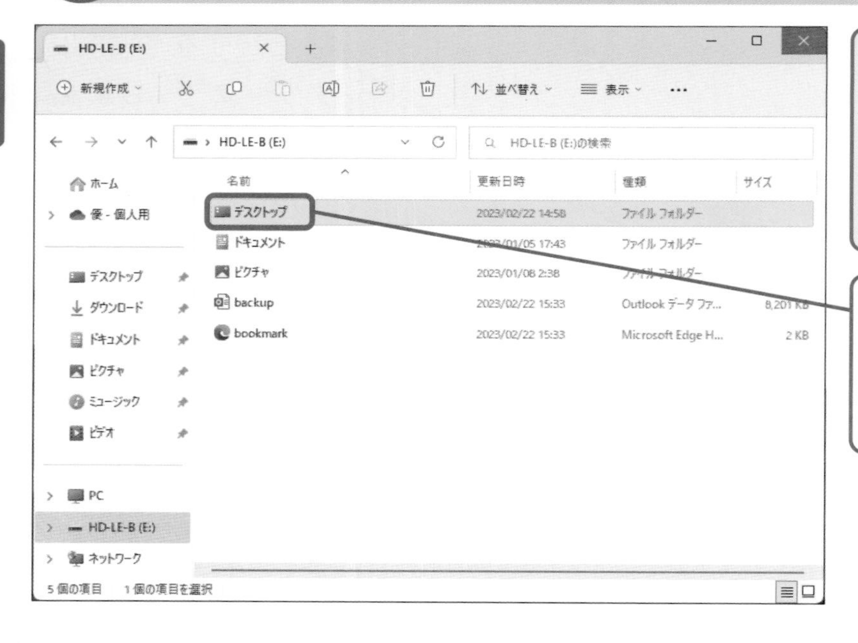

レッスン㉒を参考に、USBストレージの内容を表示しておきます

[デスクトップ] をダブルクリックします

第4章 新しいパソコンにデータを移そう

ヒント

複数ファイルをまとめて選択するには

複数のファイルをまとめて選択したい場合は、Ctrl キーを押しながらファイルをクリックして選択します。連続したファイルは、Shift キーを押しながら最初と最後のファイルをクリックすることで、間にあるファイルもまとめて選択できます。また、ドラッグで選択することも可能です。

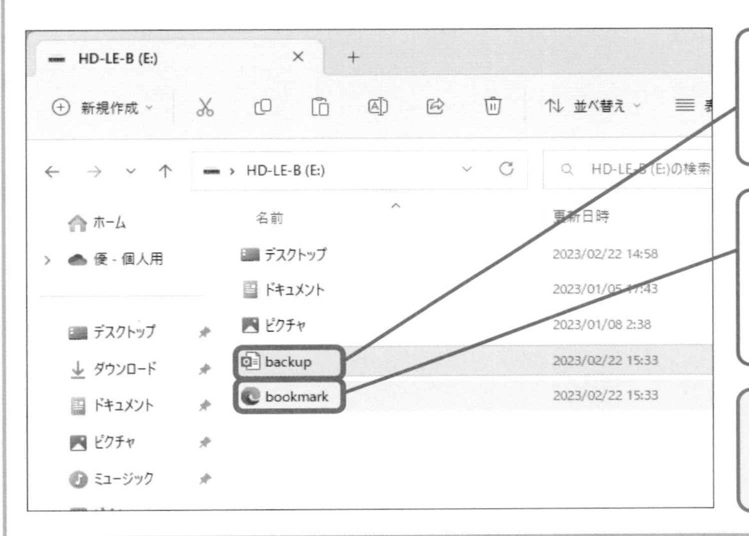

❶ファイルをクリックします

❷ Ctrl キーを押しながらクリックします

ファイルが複数、選択されます

❷ USBストレージからファイルをコピーします

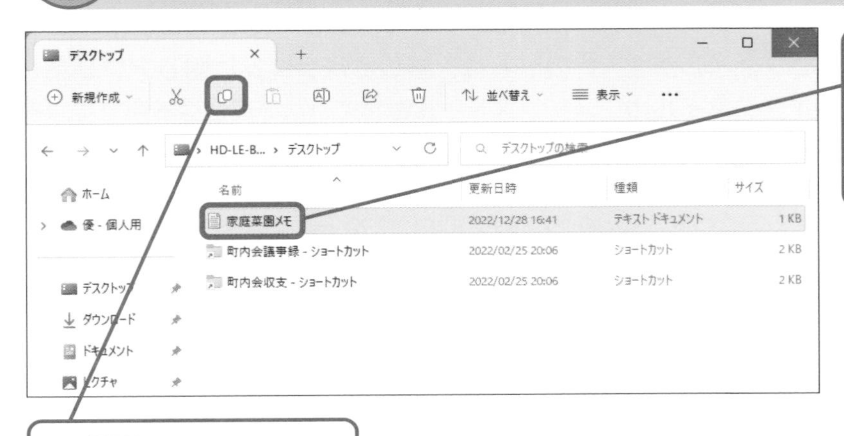

❶コピーするファイルをクリックします

❷ [コピー] をクリックします

③ USBストレージからファイルを貼り付けます

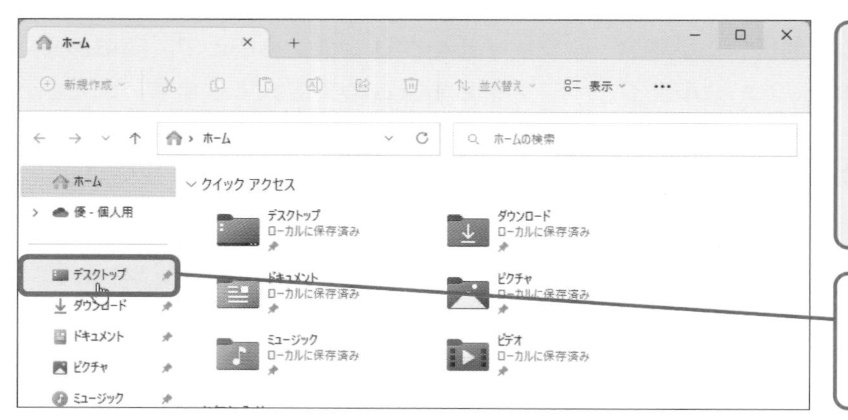

USBストレージの［デスクトップ］フォルダーを表示します

❶ デスクトップ をクリックします

❷ をクリックします

ヒント

ファイルを整理しながらコピーしましょう

古いパソコンからコピーした［デスクトップ］フォルダーには、不要なファイルが含まれている可能性があります。ファイルの必要性を判断しながらコピーしましょう。例えば、アプリを起動するためのショートカットは、新しいパソコンに同じアプリがインストールされていない場合は不要です。

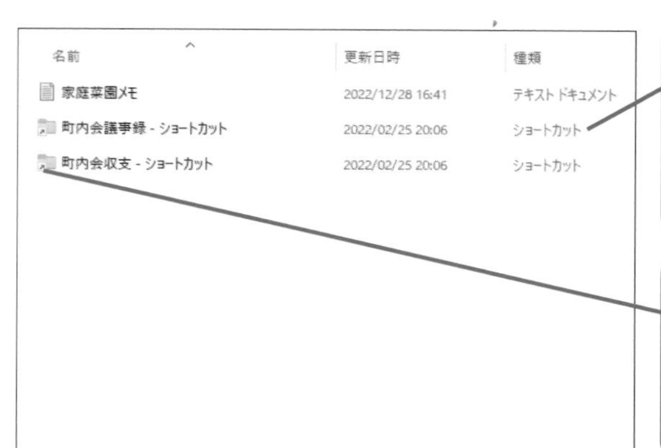

名前	更新日時	種類
家庭菜園メモ	2022/12/28 16:41	テキスト ドキュメント
町内会議事録 - ショートカット	2022/02/25 20:06	ショートカット
町内会収支 - ショートカット	2022/02/25 20:06	ショートカット

［種類］に［ショートカット］と表示されているファイルはコピーするかどうか判断しましょう

ショートカットに表示された矢印のアイコン（）で区別することもできます

USBストレージからファイルが貼り付けられました

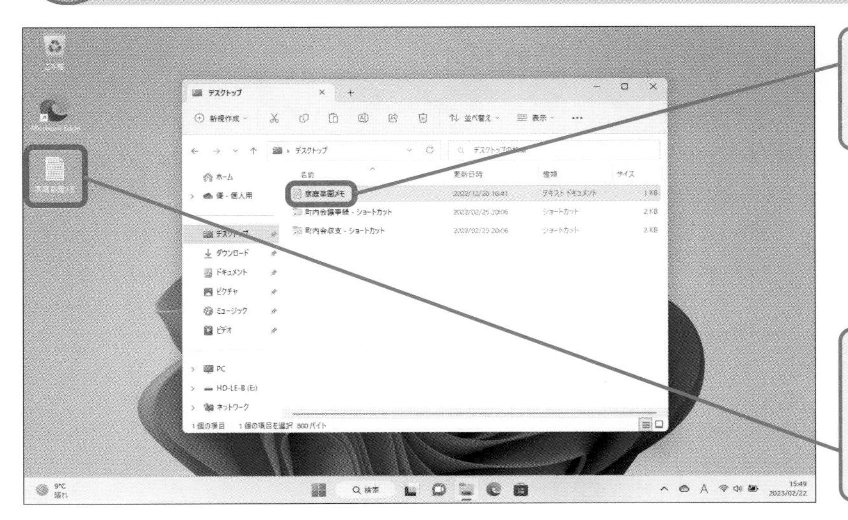

ヒント

デスクトップに直接コピーすることもできます

ここではツールバーのボタンを使ってコピーや貼り付けをする方法を紹介しましたが、ファイルを直接デスクトップにドラッグしてコピーすることもできます。何度もコピーや貼り付け操作が必要なときは、ドラッグした方が効率的です。

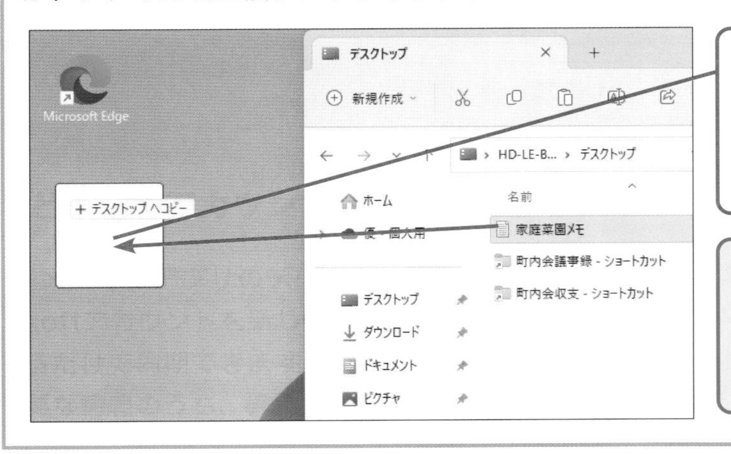

終わり

ブラウザーのお気に入りを移そう

キーワード お気に入りのインポート

ブラウザーのお気に入りは、コピーするだけでは移行できません。Microsoft Edgeを起動して、古いパソコンのお気に入りを［インポート］することで使えるようになります。

操作はこれだけ
クリック
➡11ページ

1 Microsoft Edgeのお気に入りを表示します

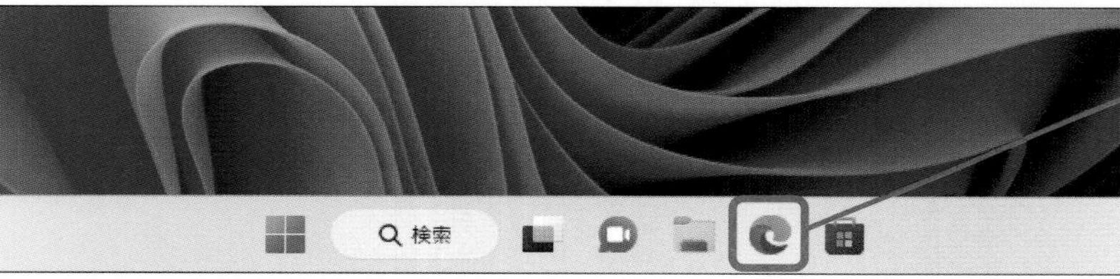

❶［Microsoft Edge］をクリックします

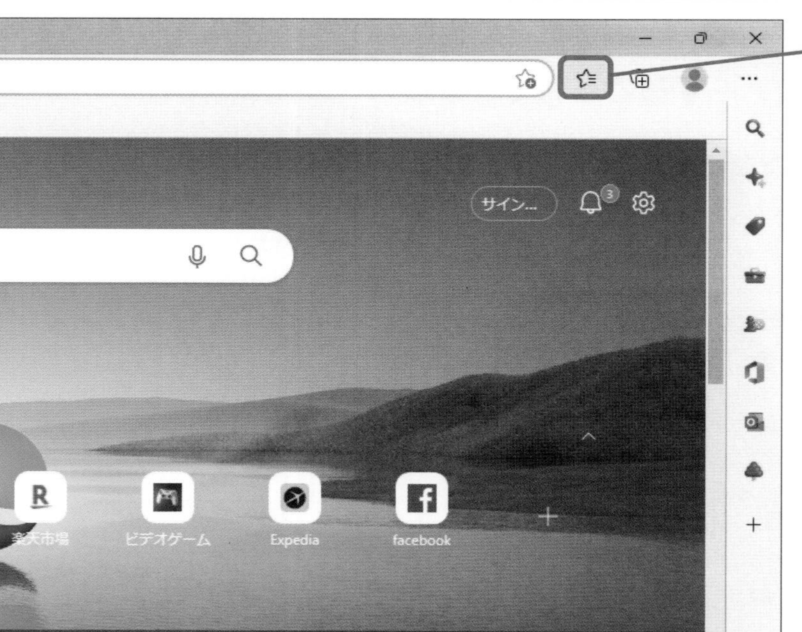

❷ をクリックします

ヒント
Microsoft Edgeって何？

Windows 11では、Internet Explorerは使えません。標準ブラウザーのMicrosoft Edgeを使いましょう。

② お気に入りのインポートを開始します

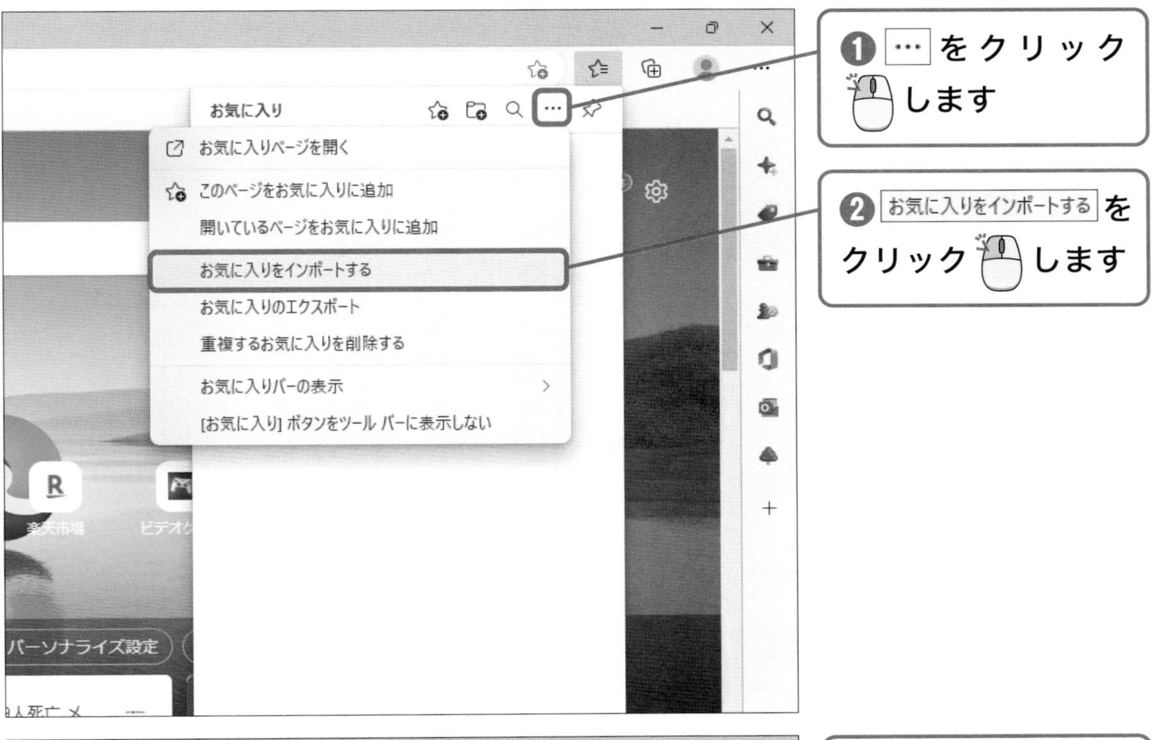

❶ ［…］をクリックします

❷ ［お気に入りをインポートする］をクリックします

❸ ［インポートする項目を選択してください］をクリックします

次のページに続く ▶▶▶

3 インポートするファイルを選択します

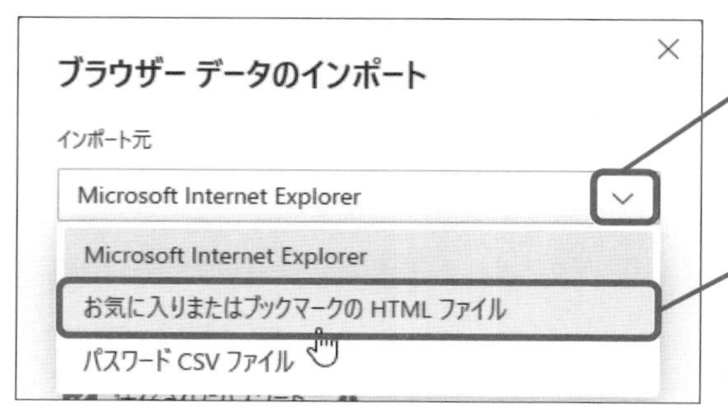

❶ をクリックします

❷［お気に入りまたはブックマークのHTMLファイル］をクリックします

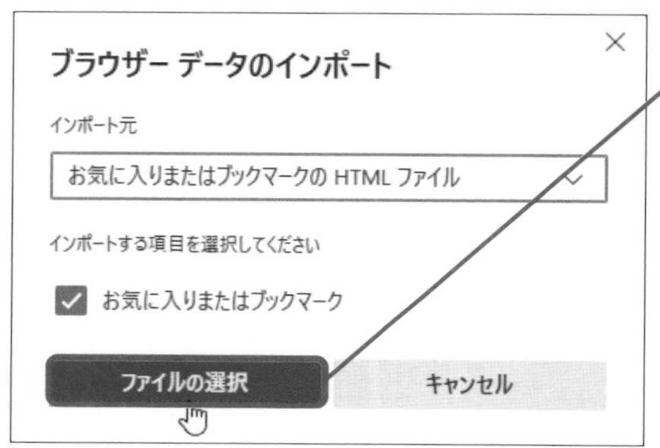

❸ ファイルの選択 をクリックします

❹USBストレージを選択します

お気に入りのファイルが表示されないときは、次のページのヒントを参考に、拡張子を変更します

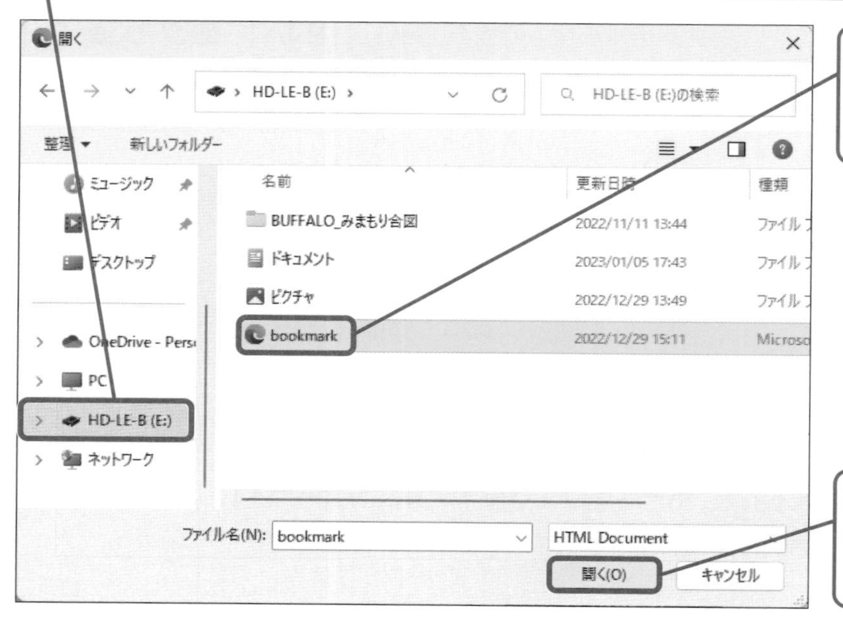

❺［bookmark］をクリックします

❻ 開く(O) をクリックします

ヒント

インポートするファイルが表示されないときは

手順3で古いパソコンで保存した「bookmark」ファイルが表示されない場合は、以下のようにエクスプローラーで拡張子の表示をオンにして、ファイルの拡張子を確認しましょう。「htm」のままの場合は「html」に拡張子を変更してから、インポート操作をやり直します。

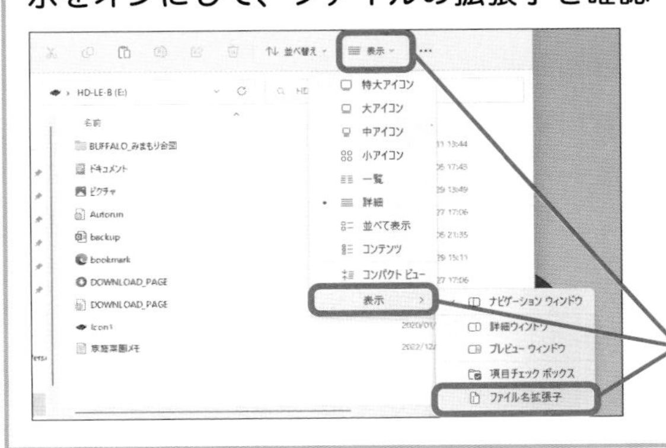

表示 - 表示 - ファイル名拡張子の順にクリックします

4 お気に入りのインポートが完了しました

❶完了をクリックします

❷×をクリックします

Google Chromeのお気に入りを移行するには？

A いろいろな方法で移行できます

Google Chromeのブックマークは、古いパソコンと同じGoogleアカウントで同期するか、以下のように、第2章のQ&Aでエクスポートしたファイルをインポートすることで移行できます。

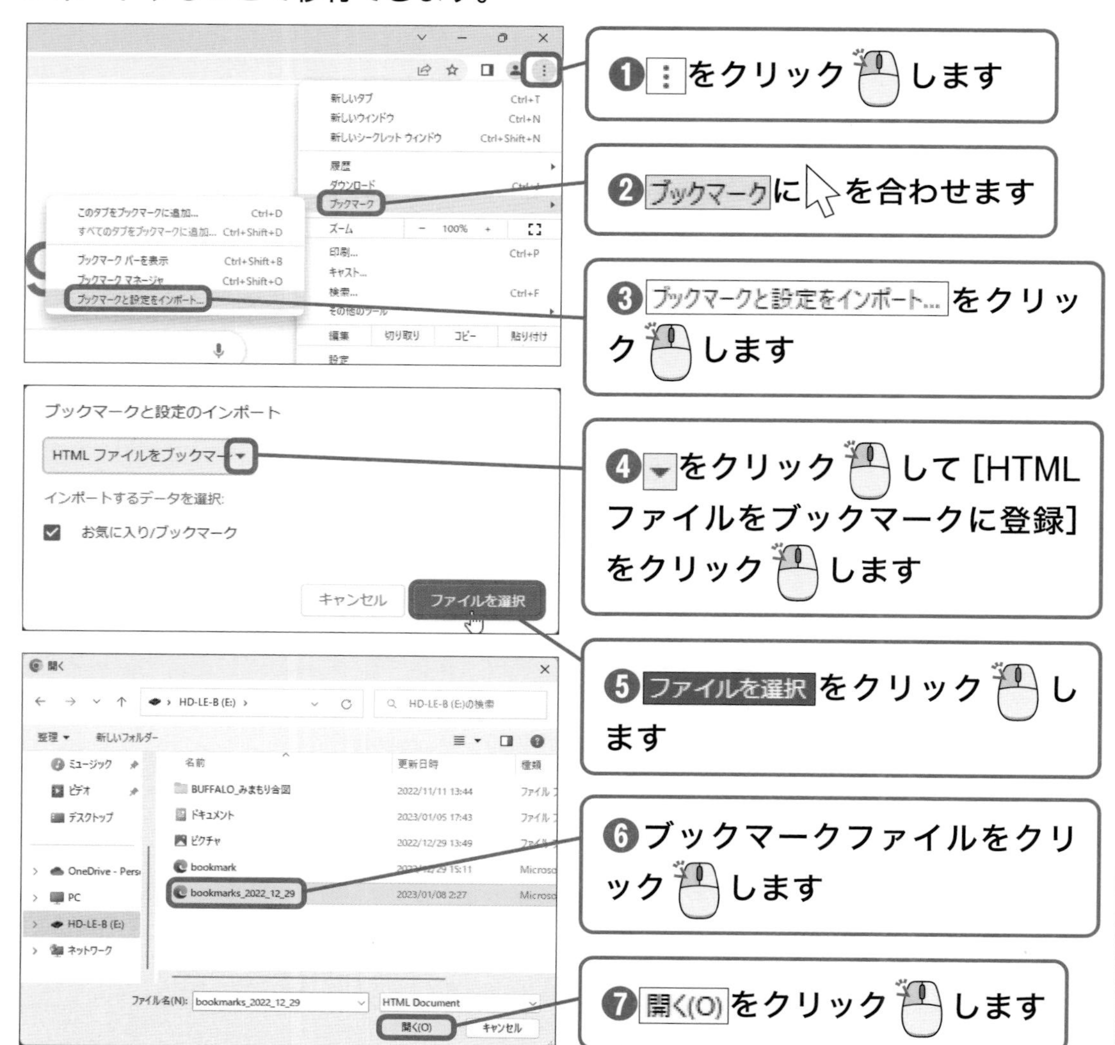

第4章 新しいパソコンにデータを移そう

Q コピー中にパソコンがスリープになっても大丈夫？

A 電源アダプターをつないでスリープをオフにしましょう

移行作業をするときは、パソコンが途中でスリープしたり、電源が切れないようにしたりする必要があります。電源アダプターをつなぎ、さらに以下のように［電源とバッテリー］でスリープ状態にする設定を一時的に［なし］にして作業しましょう。

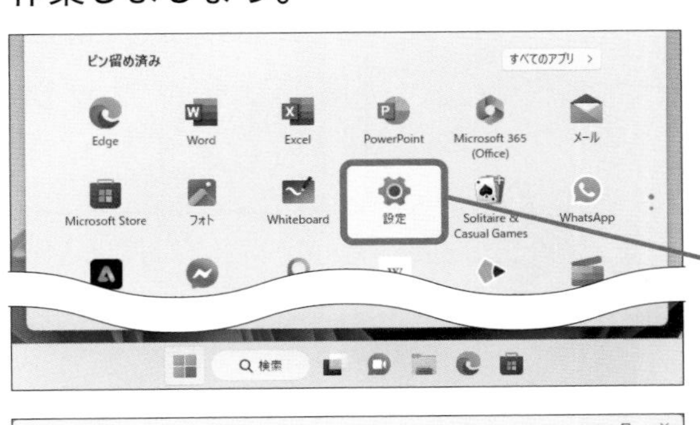

レッスン❻を参考に、［スタート］メニューを表示しておきます

❶［設定］をクリックします

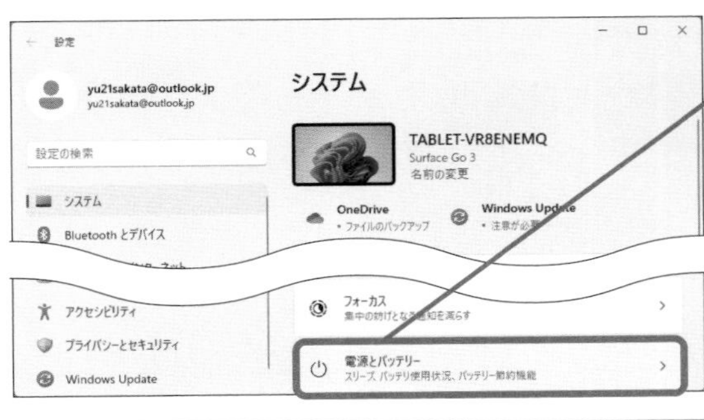

❷ 電源とバッテリー をクリックします

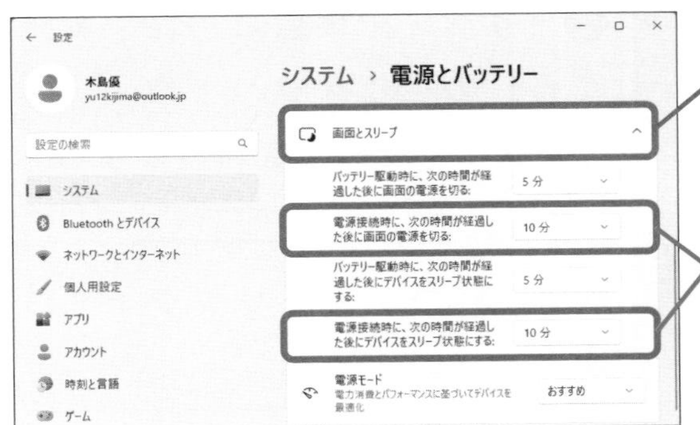

❸ 画面とスリープ をクリックします

電源アダプターに接続しているときの動作を設定できます

コピーが途中で終わってしまった！

A ［ドキュメント］フォルダーや写真のファイルはコピーし直しましょう

［ドキュメント］や［ピクチャ］などのファイルのコピー中に意図せず中断してしまったときは、もう一度、コピーと貼り付けの操作をやり直してみましょう。もしも、途中で権限を求める画面が表示されたときは、すべての項目に対して［続行］を選択し、コピーを許可して続行します。

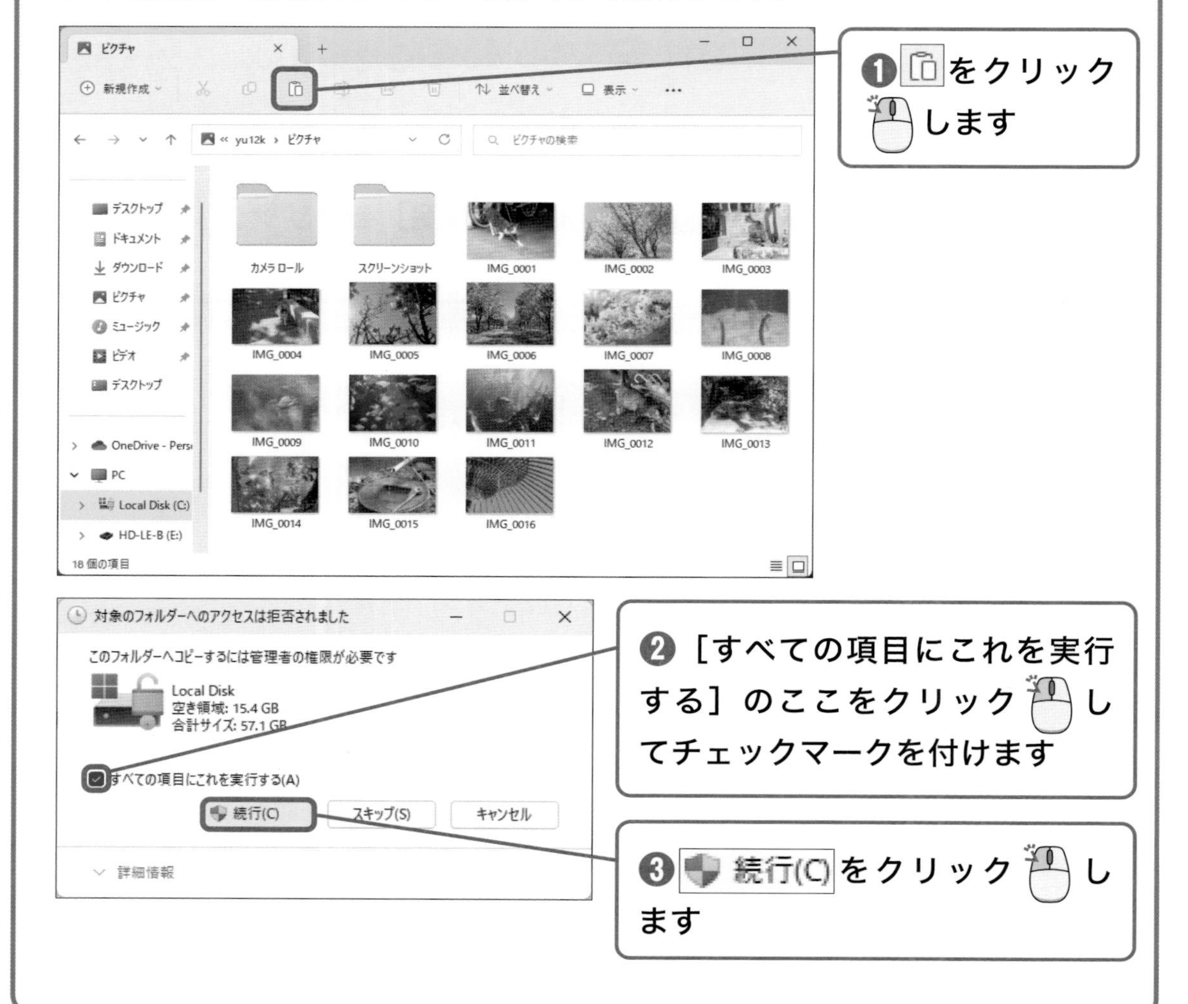

❶ 貼り付けアイコンをクリックします

❷［すべての項目にこれを実行する］のここをクリックしてチェックマークを付けます

❸ 続行(C) をクリックします

第5章

メールのデータを移そう

古いパソコンで利用していたメールの環境を新しいパソコンでも使えるようにしましょう。ここでは、古いパソコンでエクスポートしたOutlookのデータをインポートする方法、古いパソコンと同じMicrosoftアカウントを設定することで［メール］アプリで以前の環境を同期する方法を解説します。

この章の内容

◆この章を学ぶ前に◆

レッスン 27

新しいパソコンにメールを移行する流れを知ろう

新しいパソコンにメールを移行する方法は、アプリによって異なります。ここではOutlookとWindows標準の［メール］アプリのそれぞれの方法を紹介します。

Outlook にメールを移行しよう

古いパソコンからエクスポートしたOutlookのメールデータは、新しいパソコンのOutlookでインポートすることで使えるようになります。Outlookにメールアカウントを登録後、USBストレージに保存したOutlookのデータ（pstファイル）をインポートしましょう。

❶USBストレージを新しいパソコンに接続します

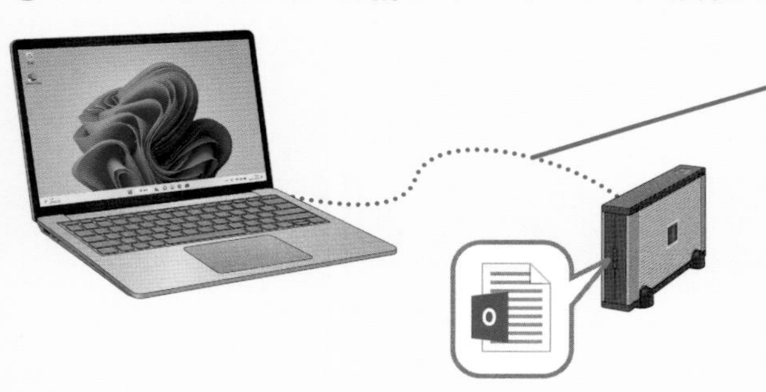

古いパソコンからエクスポートしたOutlookのファイルが保存されたUSBストレージを新しいパソコンに接続します

→レッスン㉒

❷ファイルをインポートします

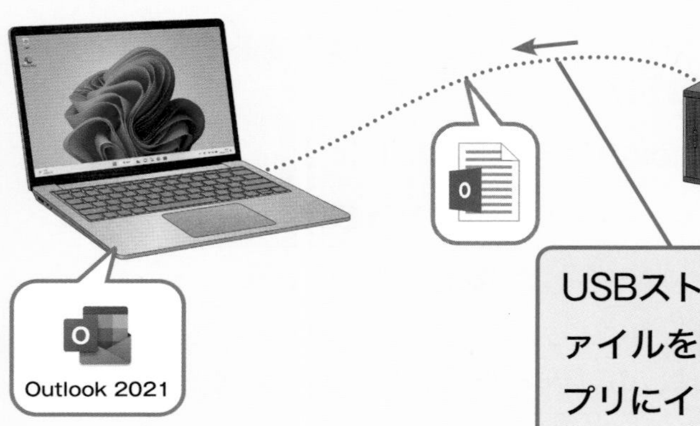

USBストレージに保存されたOutlookのファイルを新しいパソコンの［Outlook］アプリにインポートします

→レッスン㉘

第5章 メールのデータを移そう

[メール] アプリを設定し直そう

古いパソコンで[メール]アプリを使ってMicrosoftアカウントのメールやIMAP方式のプロバイダーのメールを送受信していた場合は、Windows 11に標準搭載されている[メール]アプリに同じMicrosoftアカウントを登録するだけで、自動的にメールやカレンダー、連絡先などのデータが同期されます。

❶アカウントの情報を確認します

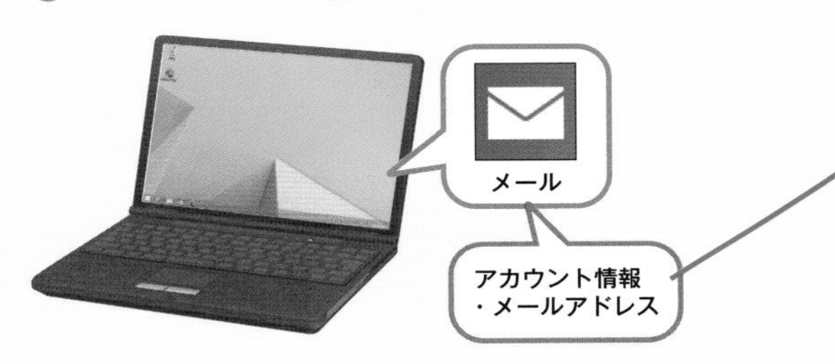

古いパソコンの[メール]アプリに設定されたメールアドレスを確認しておきます

→レッスン⓱

❷ [メール] アプリを設定し直します

古いパソコンで確認したメールアドレスと対応するパスワードを使って、新しいパソコンの[メール]アプリに設定し直します

→レッスン㉙

ヒント

OutlookでMicrosoftアカウントなどのメールも使えます

本書では、OutlookでプロバイダーのPOP方式のメールのみを移行する方法を紹介していますが、[メール] アプリと同様に、OutlookでもMicrosoftアカウントをはじめ、IMAP方式のメールアカウントを登録することで同期によって自動的にメールを移行することもできます。

Outlookのデータを移行しよう

キーワード Outlookのデータのインポート

Outlookでプロバイダーのメールアドレス（POP方式）を使えるようにしましょう。メールアカウントを設定後、バックアップしたファイルをインポートします。

操作はこれだけ　クリック ➡11ページ　入力する ➡13ページ

1 Outlookを起動します

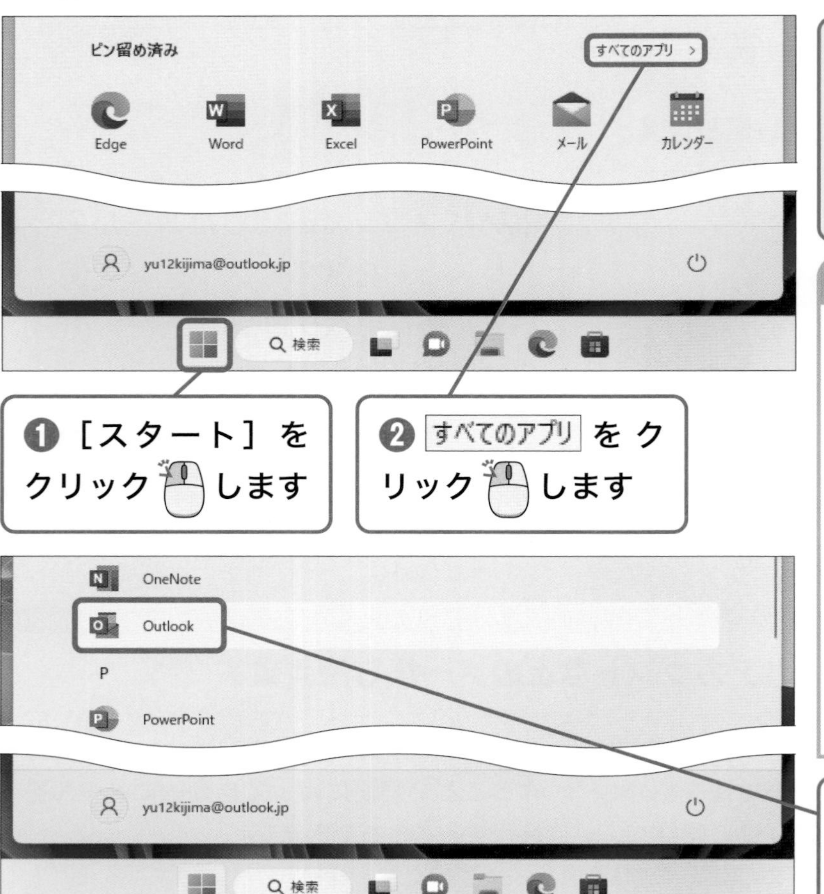

レッスン㉒を参考に、USBストレージを新しいパソコンに接続しておきます

❸ Outlook をクリックします

ヒント

Outlookがない場合は

OutlookはOfficeに含まれるアプリです。Outlookがない場合は、買い切りの永続版Officeか、サブスクリプションのMicrosoft 365の契約が必要です。

② アカウントを設定します

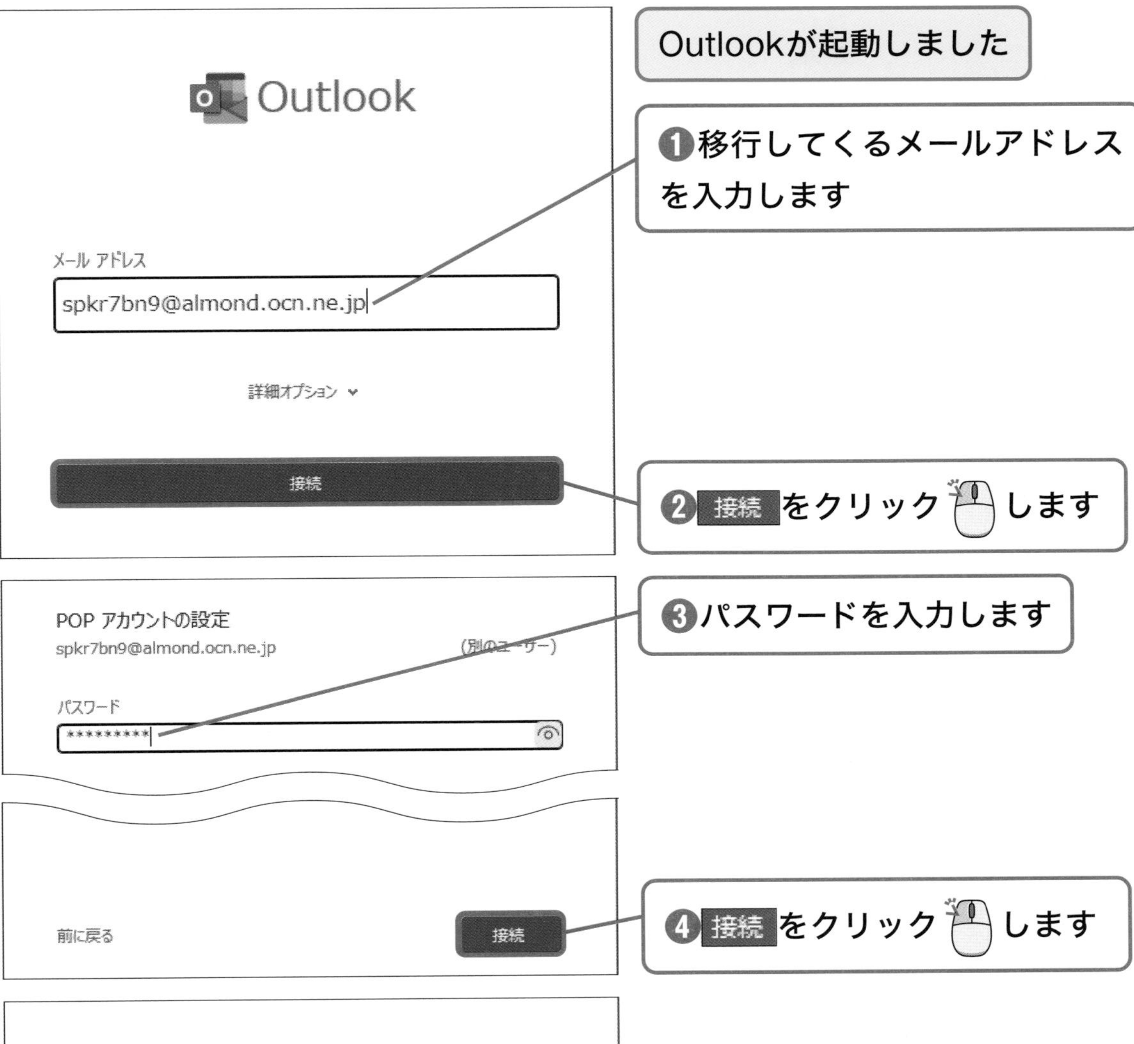

Outlookが起動しました

❶移行してくるメールアドレスを入力します

❷ 接続 をクリック します

❸パスワードを入力します

❹ 接続 をクリック します

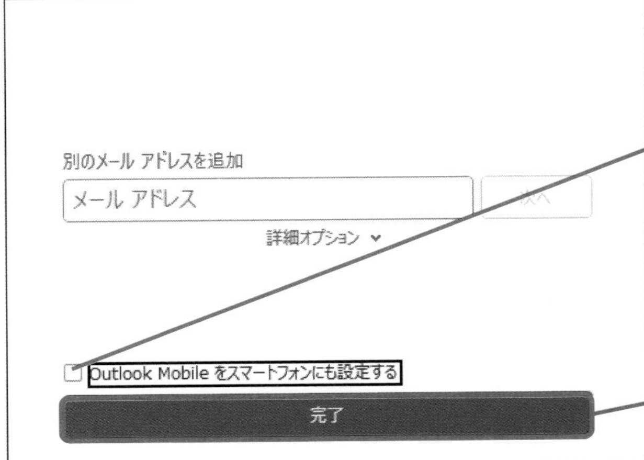

❺［Outlook Mobileをスマートフォンにも設定する］のここをクリックしてチェックマークを外します

❻ 完了 をクリック します

次のページに続く ▶▶▶

3 ファイルのインポートを開始します

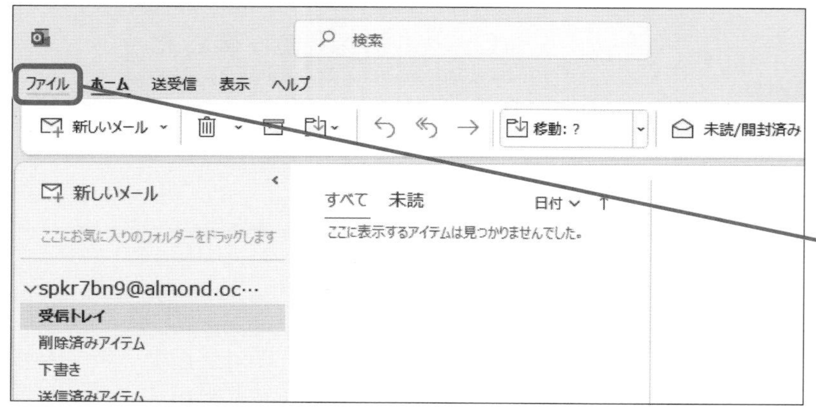

アカウントの設定が完了し、受信トレイが表示されました

❶ ファイル をクリックします

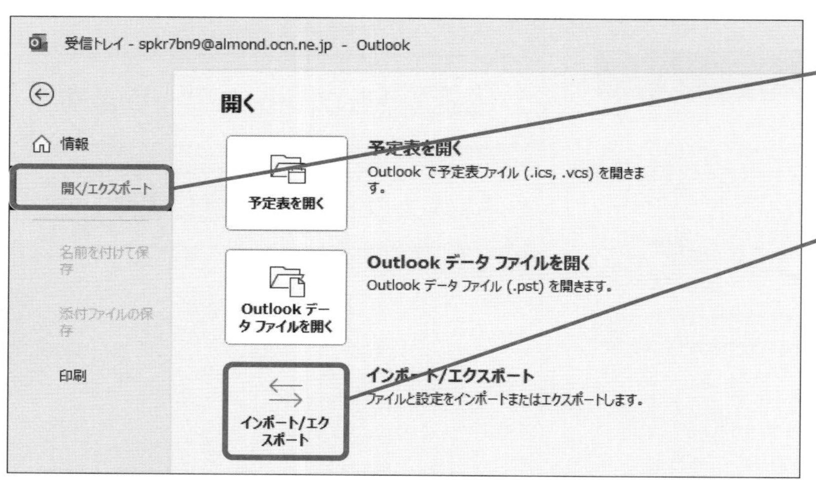

❷ 開く/エクスポート をクリックします

❸ [インポート/エクスポート] をクリックします

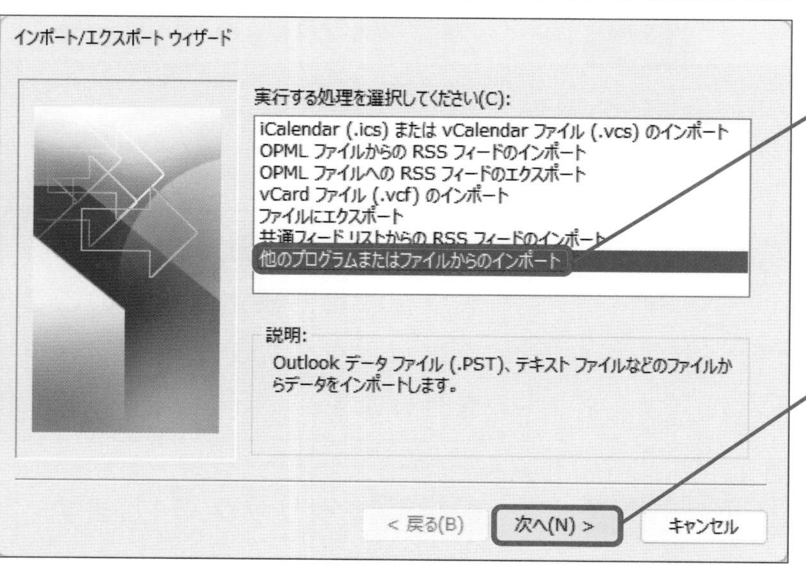

❹ [他のプログラムまたはファイルからのインポート] をクリックします

❺ 次へ(N) をクリックします

 インポートするデータの種類を選択します

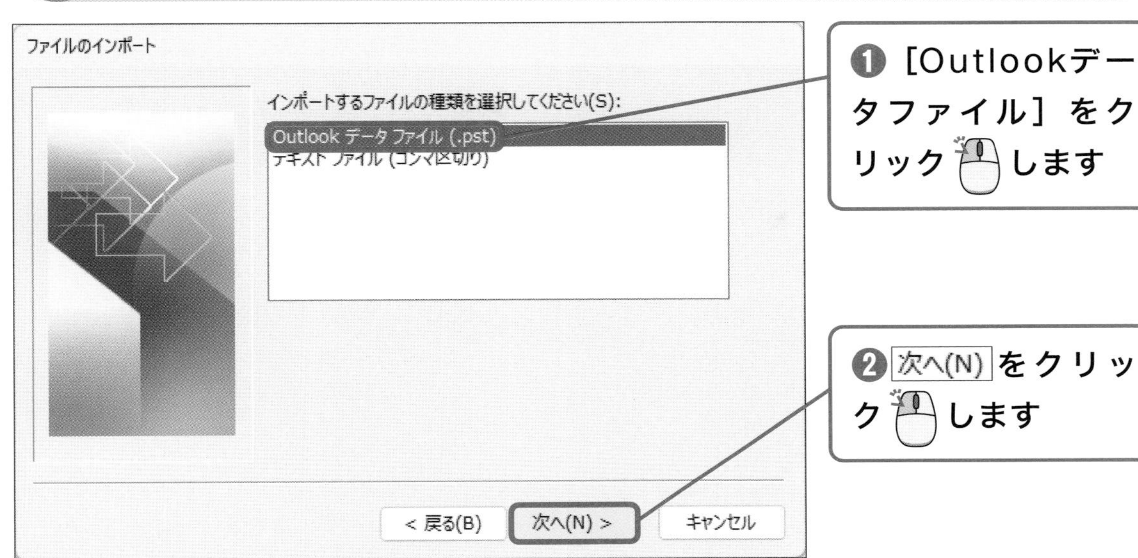

❸ 参照(R)... をクリックします

ヒント

アカウントの設定でエラーが表示されたときは

手順2でメールアドレスを入力したときに［問題が発生しました］と表示されたときは、［アカウント設定の変更］から手動でメールの設定が必要です。プロバイダーのWebページを参考にメールサーバーなどを設定しましょう。

次のページに続く ▶▶▶

5 USBストレージからインポートするファイルを選択します

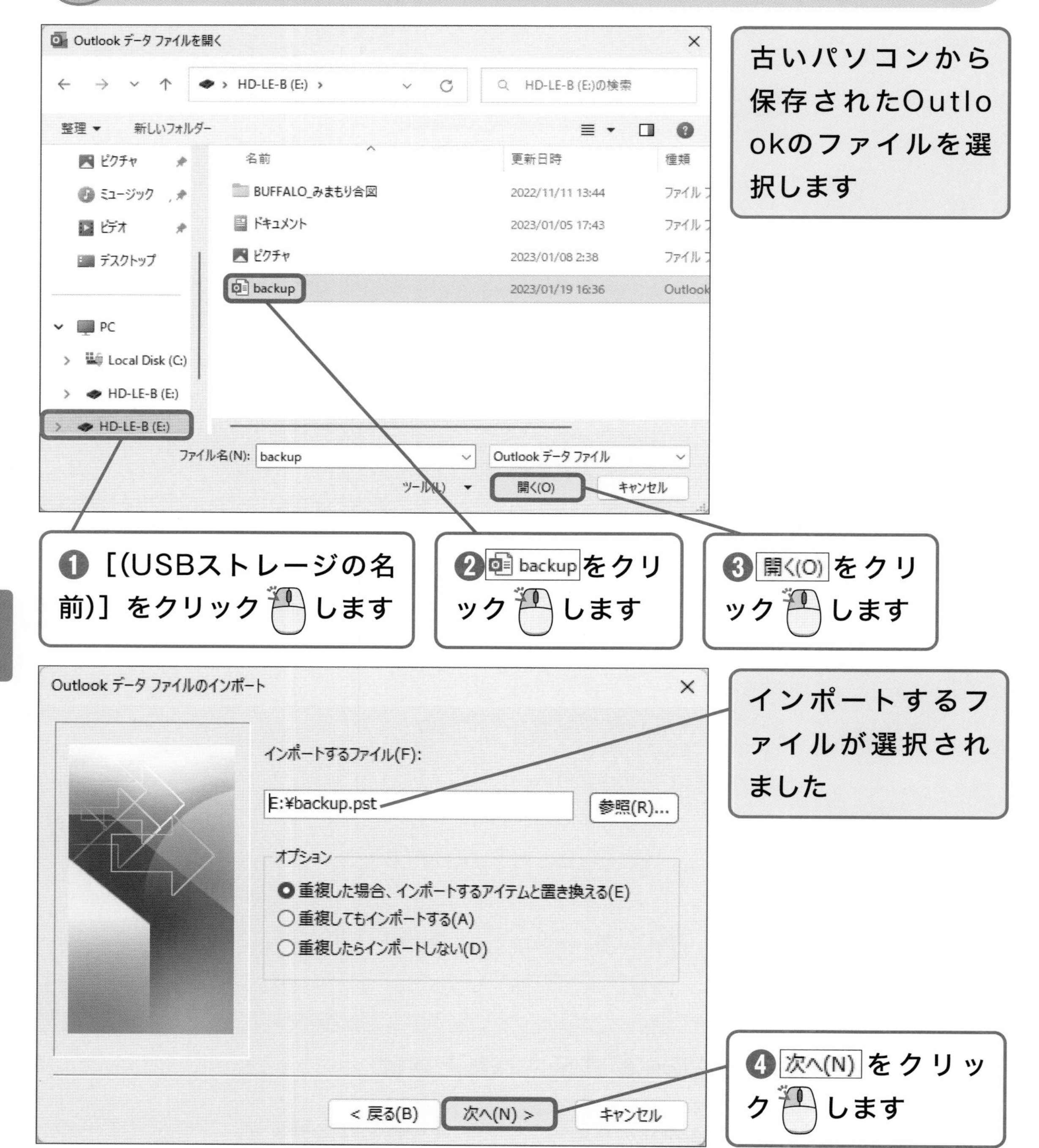

6 USBストレージからメールデータをインポートします

インポート先のメールアドレスが表示されていることを確認しておきます

完了 をクリックします

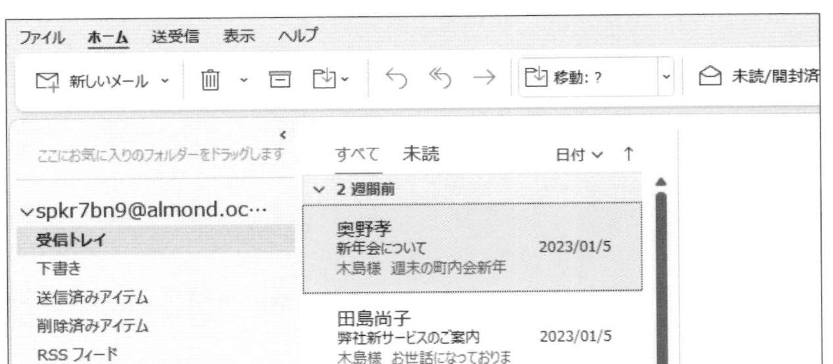

メールデータがインポートされました

ヒント

メールが重複してしまった場合は

環境によっては、メールアカウントに保存されていた過去のメールが自動的にダウンロードされる場合があります。この場合、インポートによって同じメールが重複して登録される場合があります。[削除]から[フォルダーのクリーンアップ]を選択し、重複したメールを削除しましょう。

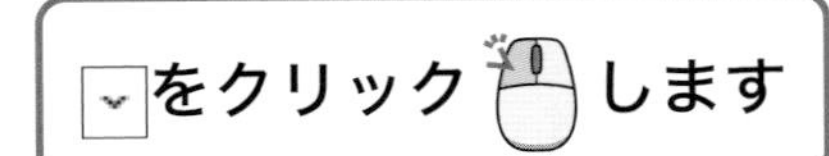

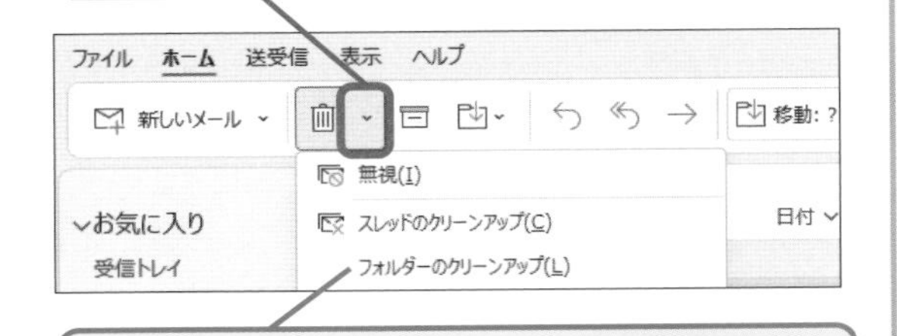

[フォルダーのクリーンアップ]で重複したメールを削除できます

新しい［メール］アプリを設定しよう

キーワード［メール］アプリのデータのインポート

［メール］アプリで、MicrosoftアカウントやIMAP方式のプロバイダーのメールアカウントを使えるようにしましょう。アカウントを設定するだけで過去のメールが同期されます。

操作はこれだけ
クリック ➡11ページ
入力する ➡13ページ

Microsoftアカウントのメールを設定します

1 Microsoftアカウントを選択します

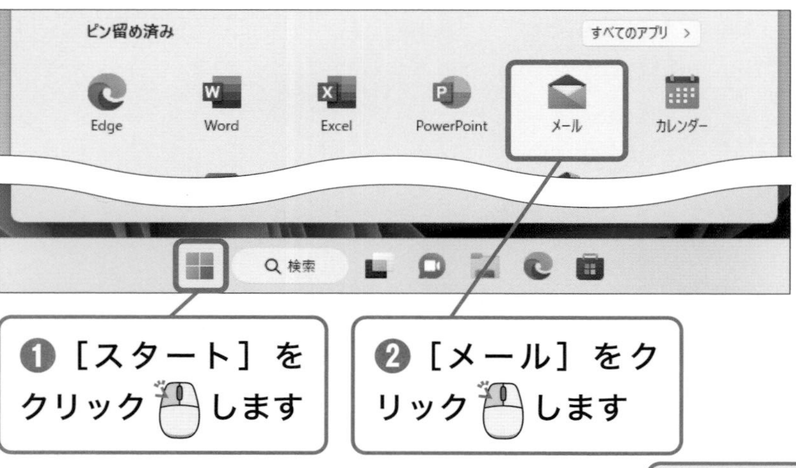

❶［スタート］をクリックします

❷［メール］をクリックします

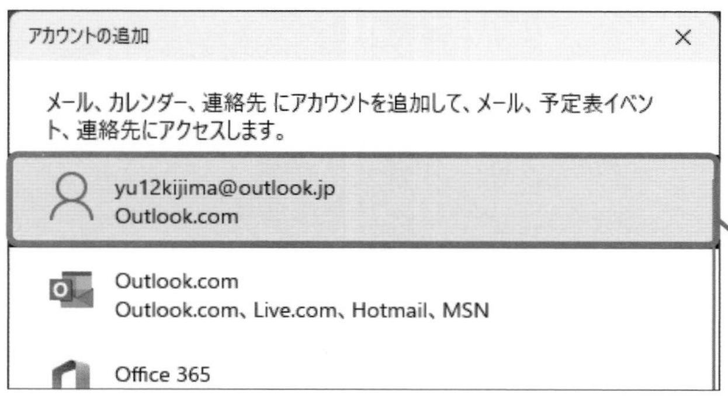

Windows 11に設定されているMicrosoftアカウントが自動的に表示されます

❸自分のMicrosoftアカウントをクリックします

第5章 メールのデータを移そう

② Microsoftアカウントのメールの設定が完了しました

プロバイダーメールを設定します

① ［メール］アプリを起動します

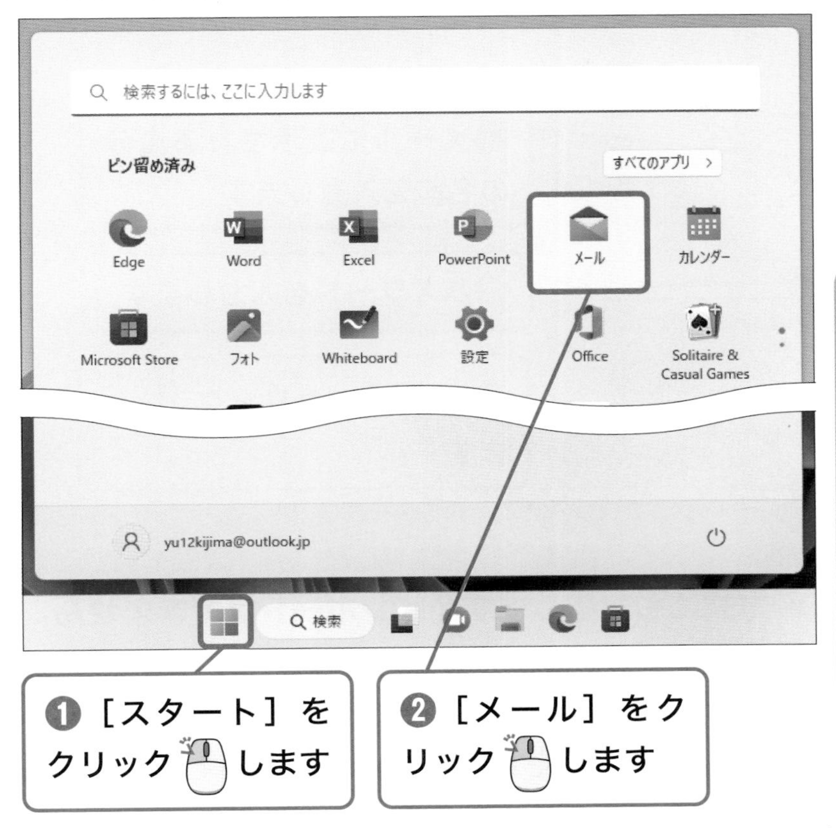

ヒント
Outlookで設定済みのときは

Outlookでプロバイダーのメールをインポート済みの場合は、同じメールアドレスを［メール］アプリに設定する必要はありません。Outlookでメールを送受信しましょう。

② プロバイダーメールの情報を入力します

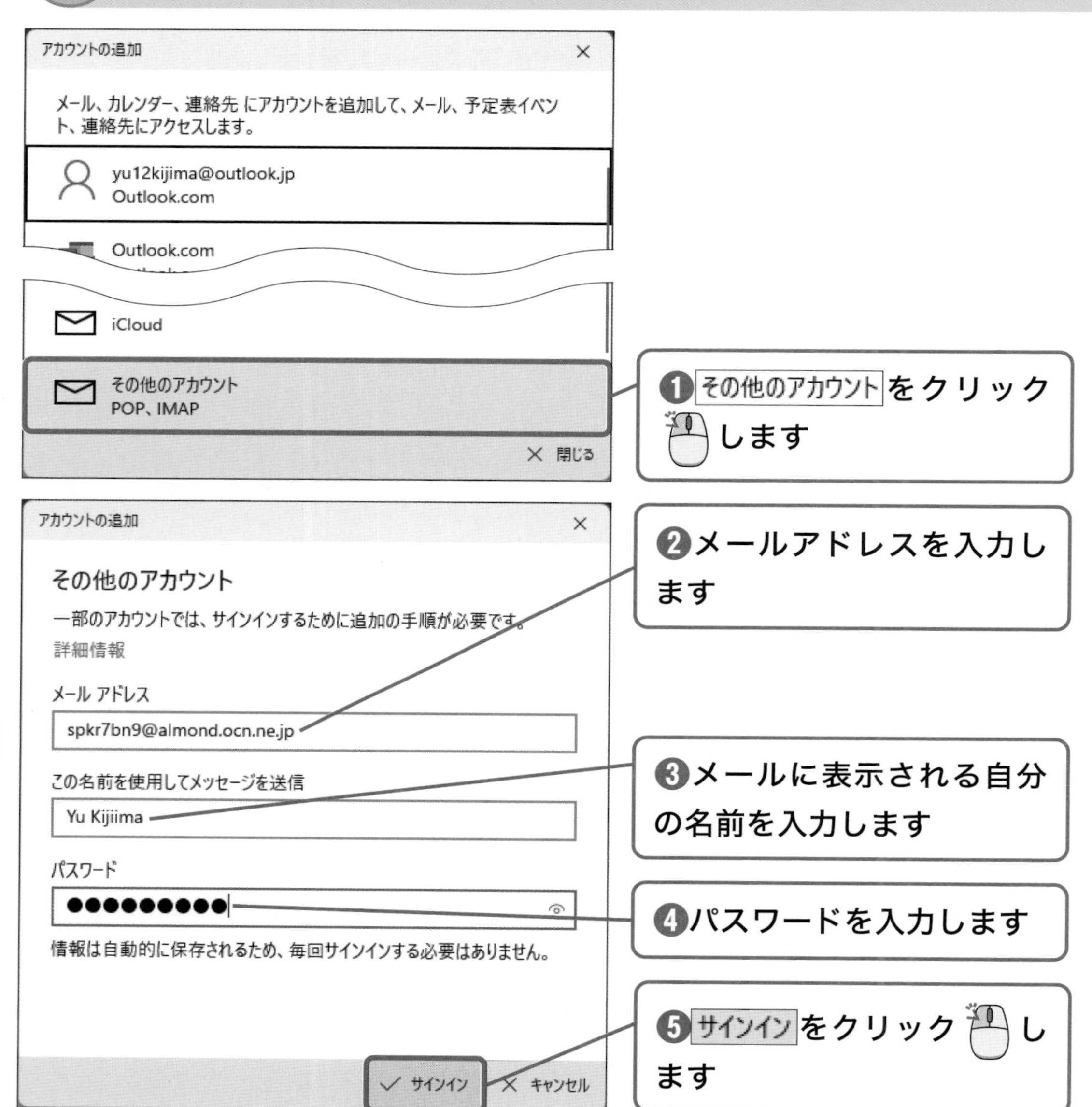

ヒント

[メール] アプリはPOP方式にも対応しますがインポートはできません

Windows 11の[メール]アプリは、プロバイダーで古くから採用されていたPOP方式のメールにも対応しています。ただし、古いメールデータをインポートする機能がないため、IMAP方式の場合は同期できますが、POP方式のメールは移行できません。

プロバイダーメールの設定が完了しました

完了をクリックします

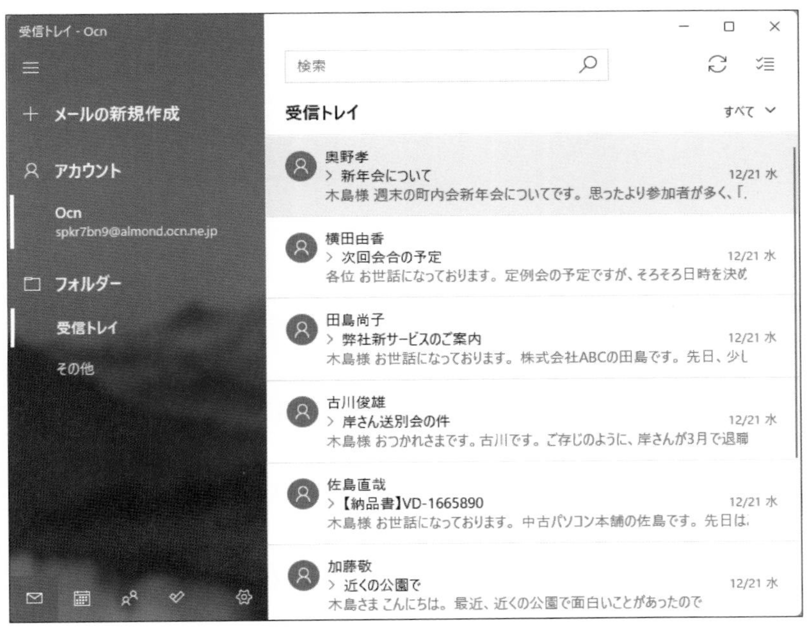

古いパソコンでやり取りしたメールが表示されました

Outlookで両方のメールを管理できます

MicrosoftアカウントやプロバイダーメールはOutlookでも利用可能です。より高度なメール管理ができるOutlookにメール環境を統一することも検討しましょう。

終わり

Windows 11でUSBストレージを取り外そう

キーワード USBストレージの取り外し

すべてのデータを移行できたら、移行に利用したUSBストレージをパソコンから取り外しましょう。大切なデータを保護するため、事前に取り外し操作をすることをおすすめします。

操作はこれだけ　クリック ➡11ページ

1 USBストレージを取り外す準備をします

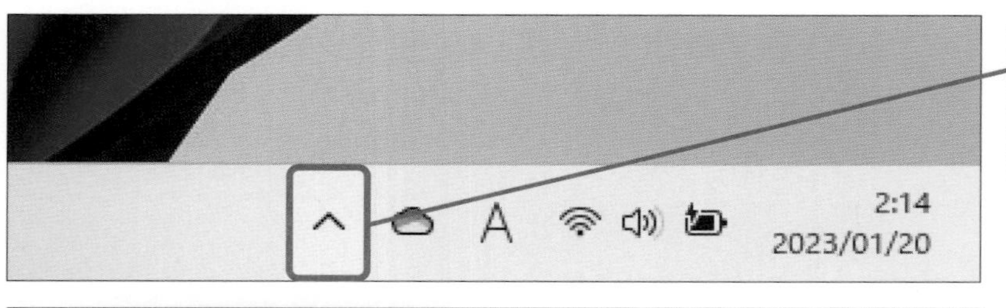

❶ ＾をクリックします

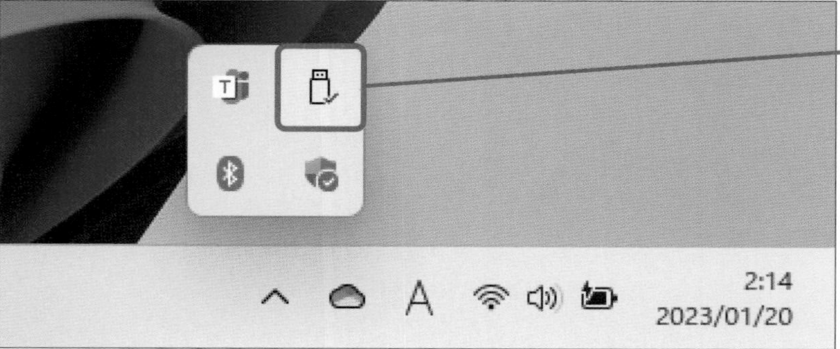

❷ をクリックします

ヒント

そのまま取り外すこともできます

Windows 11では、このレッスンの操作をしなくてもUSBストレージを安全に取り外せますが、本書では万が一のトラブルを避けるために取り外し操作をしています。

② 取り外すUSBストレージを選択します

❶［(USBストレージ名)］をクリックします

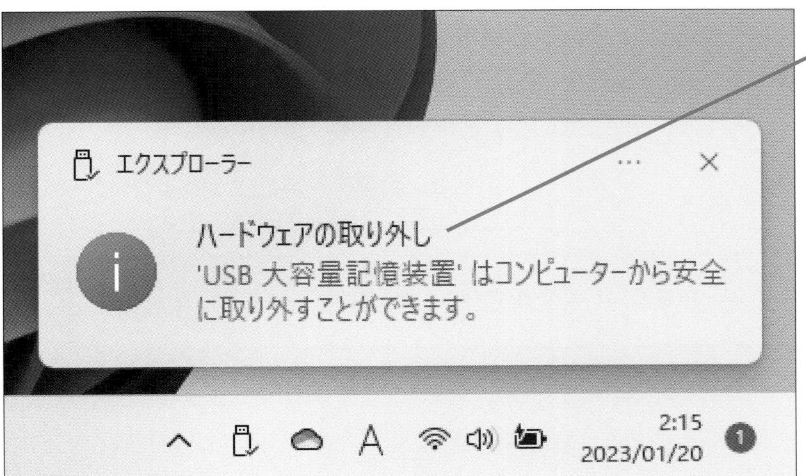

通知メッセージが表示されました

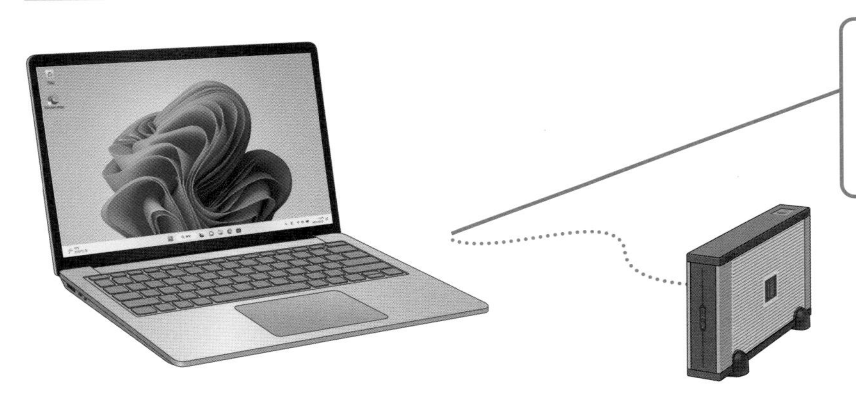

❷USBストレージをパソコンから外します

署名がなくなってしまった！

署名は移行できません。設定し直しましょう

メールの署名は自動的に移行されません。メールソフトの設定で新しく署名を設定し直しましょう。過去の送信メールを移行できている場合は、自分の署名をコピーして貼り付けると簡単です。

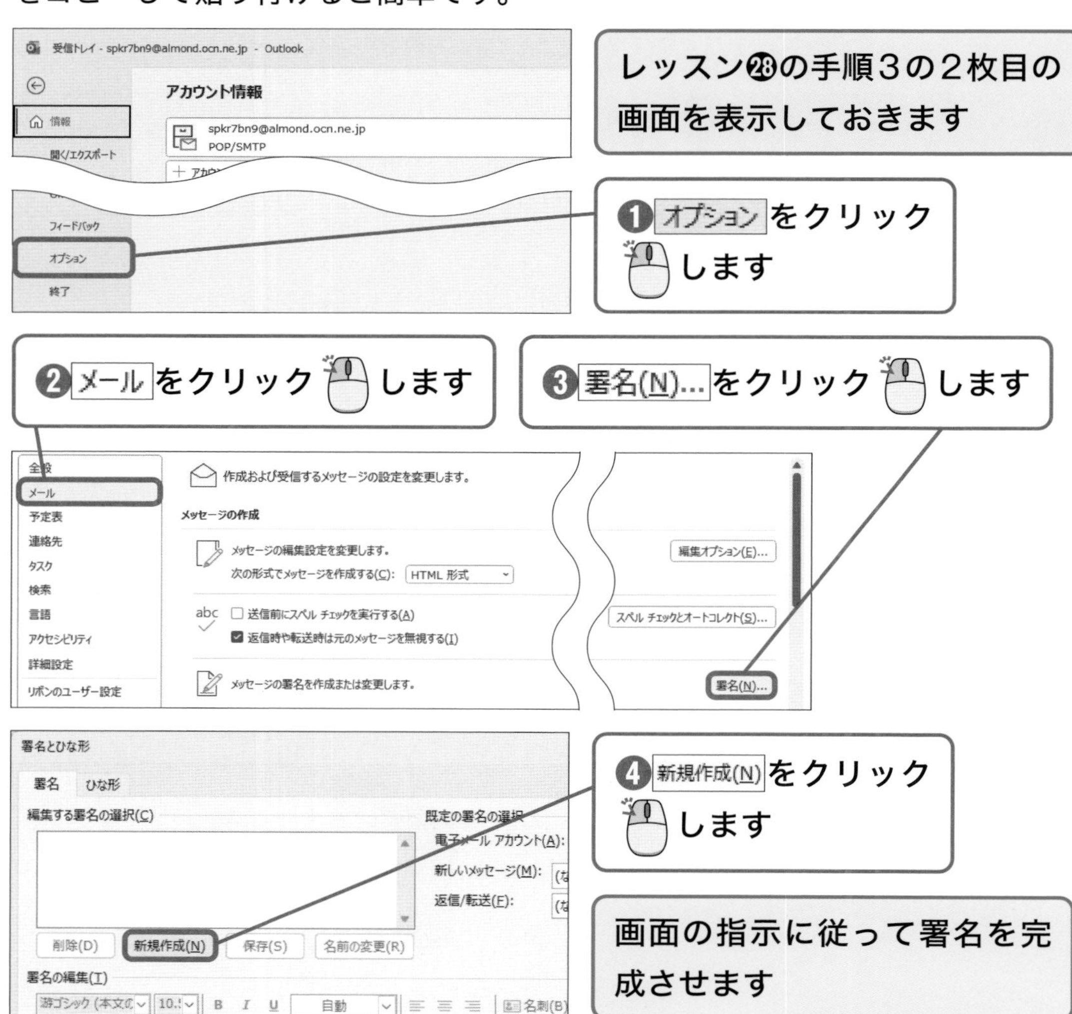

メールアカウントを後から追加するには

A 手動でアカウントを追加できます

Outlookや［メール］アプリは標準でMicrosoftアカウントの設定が自動的に始まるようになっています。目的のメールアカウントを設定する前に、別のメールアカウントで初期設定が終了してしまったときは、以下を参考に後から目的のメールアカウントを追加します。

● Outlookで後からアカウントを設定するには

レッスン㉘の手順3の2枚目の画面を表示しておきます

アカウントの追加 をクリックします

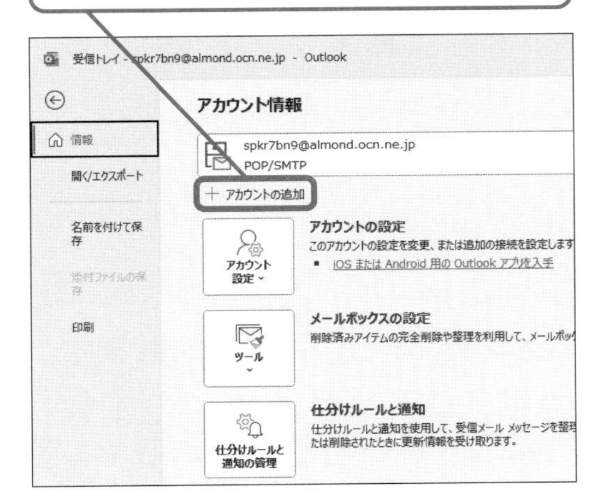

レッスン㉘の手順2を参考に、アカウントを設定します

●［メール］アプリで後からアカウントを設定するには

❶ ⚙ をクリックします

佐島直哉
> 【納品書】VD-16658

❷ アカウントの管理 をクリックします

設定
アカウントの管理

❸ アカウントの追加 をクリックします

受信トレイのリンク
+ アカウントの追加

レッスン㉙の120ページの手順2を参考に、アカウントを設定します

Outlookで個別にバックアップした連絡先を移行したい！

A バックアップしたファイルから移行できます

第３章のQ&Aで解説したようにOutlookで連絡先のみをバックアップしたときは、バックアップした連絡先のファイル（コンマ区切りファイル）をインポートすることで移行できます。以下の操作を参考に移行しましょう。

レッスン㉘の手順４の画面を表示しておきます

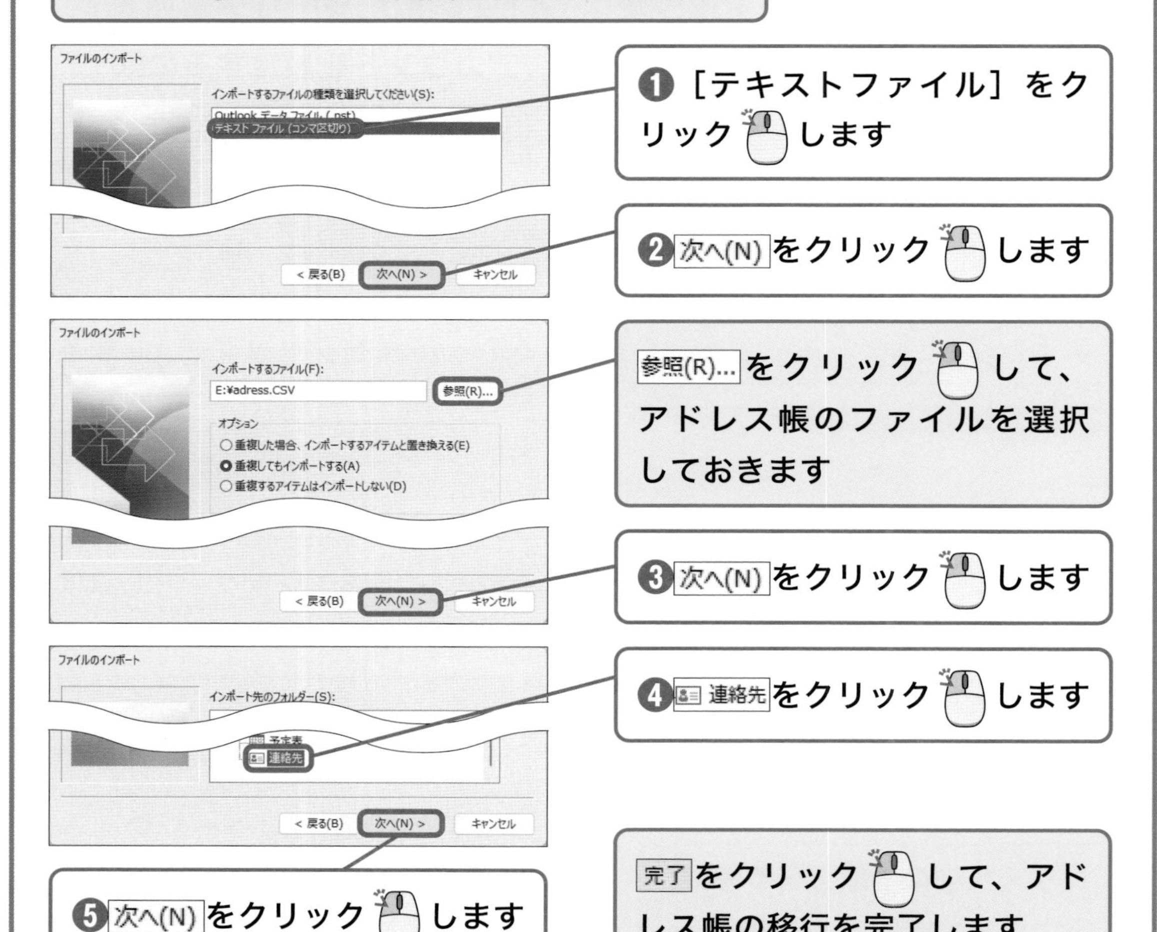

第6章

新しいパソコンを使ってみよう

新しいパソコンにデータが移行できているかどうかを確認しましょう。文書や写真、お気に入り、メールなど、新しいパソコンを操作しながら、大切なデータがそろっていることを確認しましょう。

この章の内容

◆この章を学ぶ前に◆

レッスン 31 新しいパソコンを確認しよう

移行したデータが、新しいパソコンで使えるかどうかを確認してみましょう。フォルダーやアプリを開いて、必要なデータがあるかどうかを確認します。

文書や写真などのファイルを確認しよう

[ドキュメント] フォルダーに文書などのファイルがそろっているか、また [ピクチャ] フォルダーに大切な写真があるかを確認してみましょう。実際にファイルを開いて中身も確認しておきましょう。

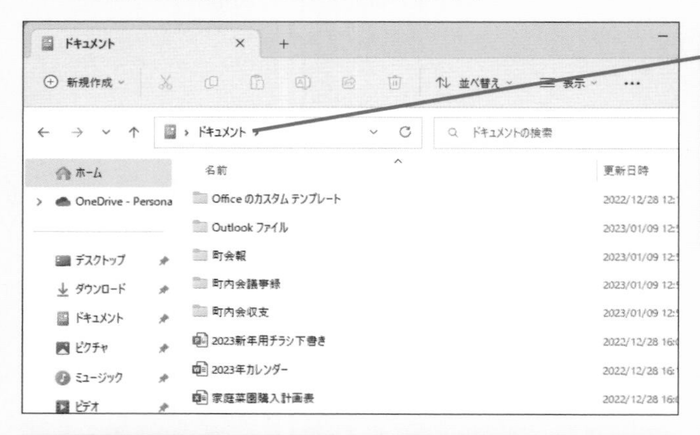

[ドキュメント] フォルダーを表示して移行したファイルを確認します

→レッスン㉜

移行した写真を [フォト] アプリや [ピクチャ] フォルダーを表示して確認します

→レッスン㉝

アプリを起動してデータを確認しよう

ブラウザーのお気に入りやメールソフトのメールなどは、アプリを起動してデータを確認します。移行したデータが反映されているかを確認しましょう。

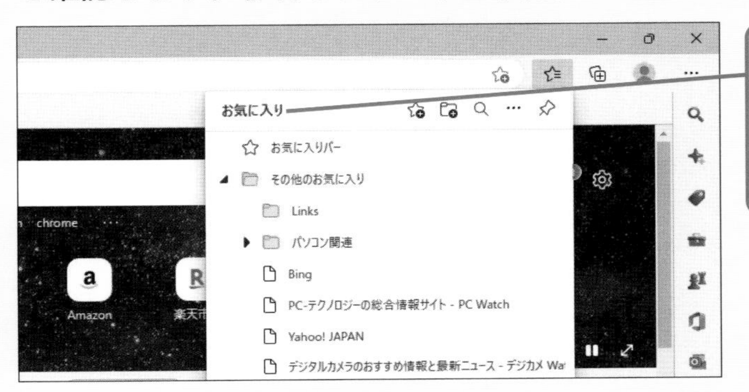

移行したブラウザーのお気に入りを確認します

→レッスン㉞

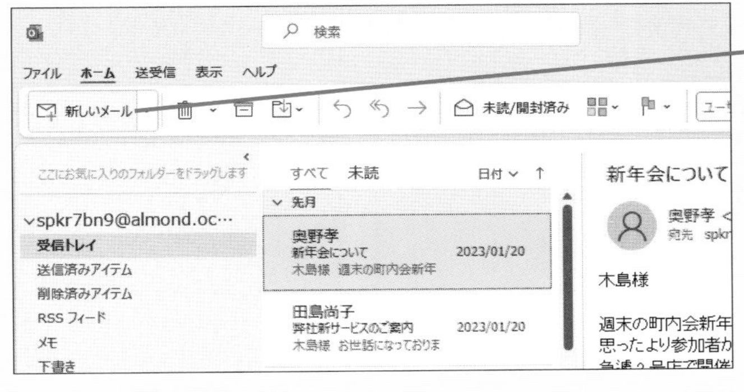

Outlookに移行したメールを確認し、同時に移行された連絡先からメールを新規作成します

→レッスン㉟（138ページ）

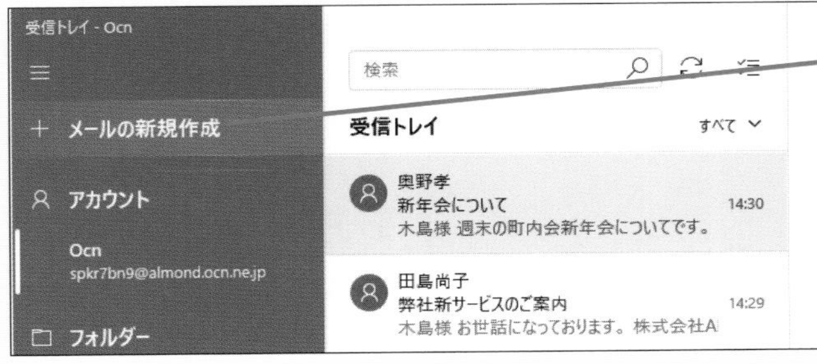

[メール] アプリに設定されたメールを確認し、移行した連絡先を使ってメールを新規作成します

→レッスン㉟（140ページ）

ヒント

データが足りないことに気づいたら

データが足りないことに気づいたら、古いパソコンでデータを探して、もう一度、移行操作をしましょう。ただし、古いパソコンを処分してしまったときは、残念ながらそのデータはあきらめるしかありません。

移行したファイルを確認しよう

キーワード [ドキュメント] フォルダー

[ドキュメント] フォルダーに仕事や個人的なデータがそろっているかを確認しましょう。WordやExcelなどのファイルがあるかどうかを実際にフォルダーを開いて確認します。

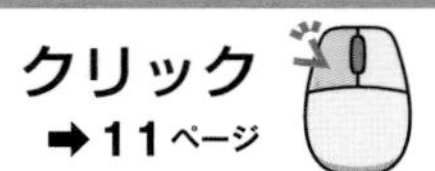

1 [ドキュメント] フォルダーを開きます

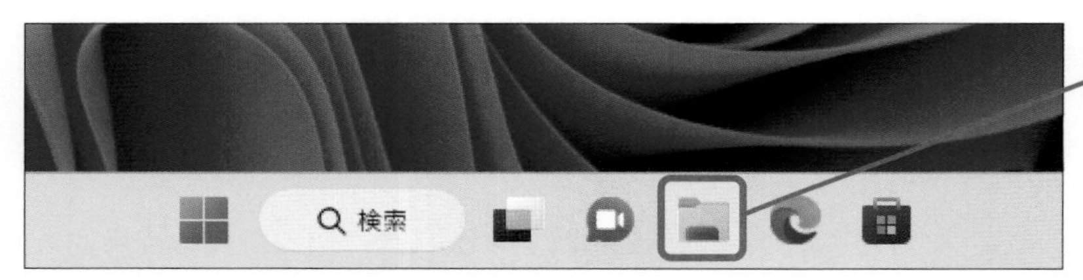

❶ [エクスプローラー] をクリックします

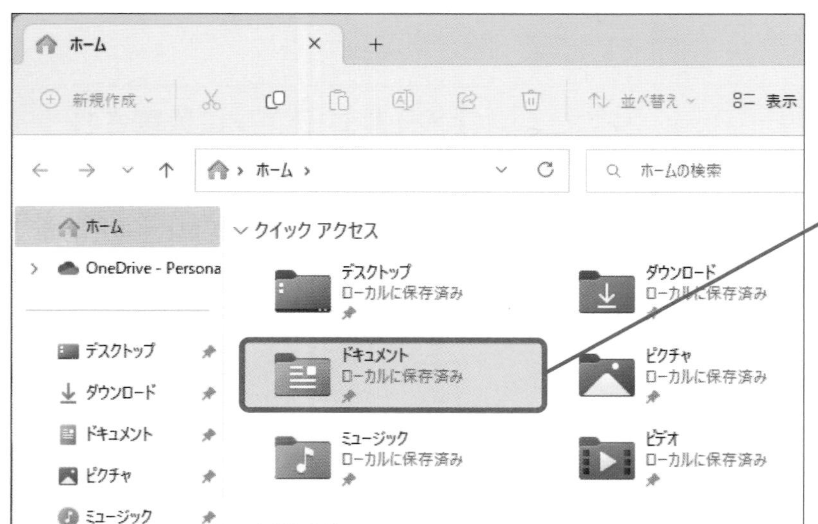

エクスプローラーが起動しました

❷ [ドキュメント] をダブルクリックします

❷［ドキュメント］フォルダーの内容を確認します

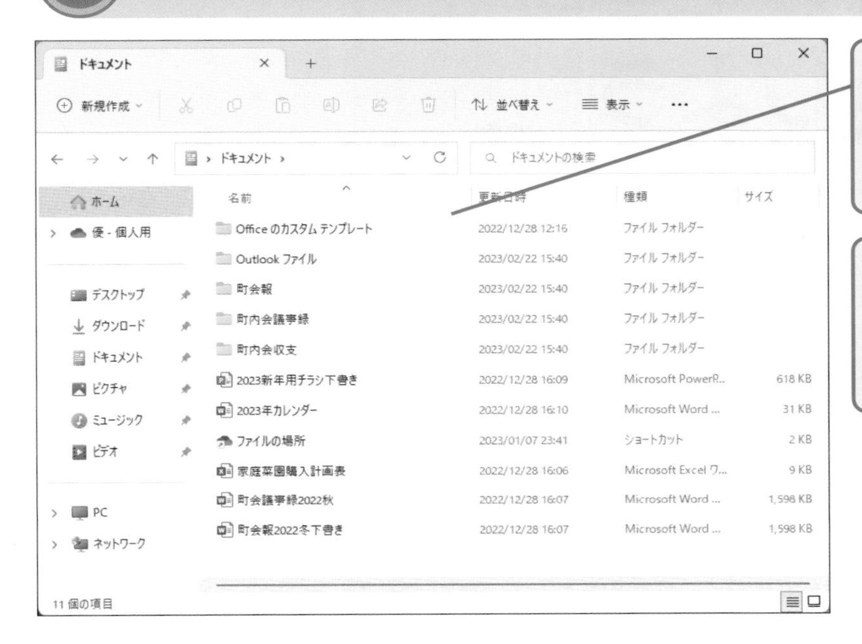

［ドキュメント］フォルダーの内容が表示されました

［デスクトップ］フォルダーなども確認しておきます

ヒント

［ファイルの場所］って何？

第4章のレッスン㉑で自動バックアップをオフにした場合、［ドキュメント］フォルダーに［ファイルの場所］アイコンが表示されます。このアイコンをダブルクリックすると、バックアップがオンだったときに保存されたファイルを表示できます。同じファイルは［OneDrive - Personal］のドキュメントからも確認できます。

手順2の画面を表示しておきます

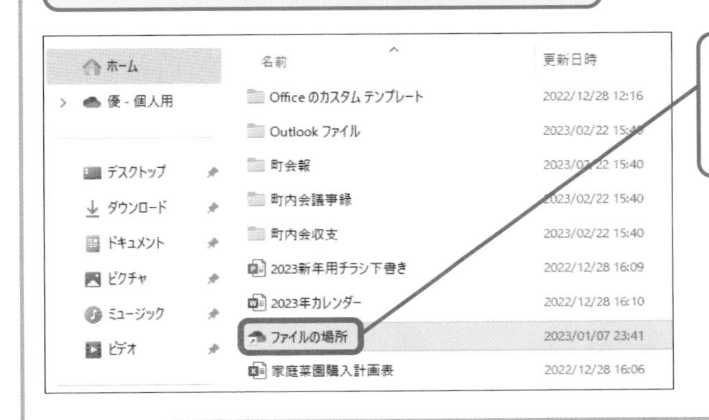

［ファイルの場所］をダブルクリックします

移行した写真を表示しよう

キーワード 

写真は、2通りの方法で確認できます。ひとつは［フォト］アプリで実際に写真を表示する方法、もうひとつは［ピクチャ］フォルダーでファイルを確認する方法です。

操作は これだけ
クリック ➡11ページ
ダブルクリック ➡11ページ

新しいパソコンを使ってみよう 第6章

1 ［フォト］アプリで写真を表示します

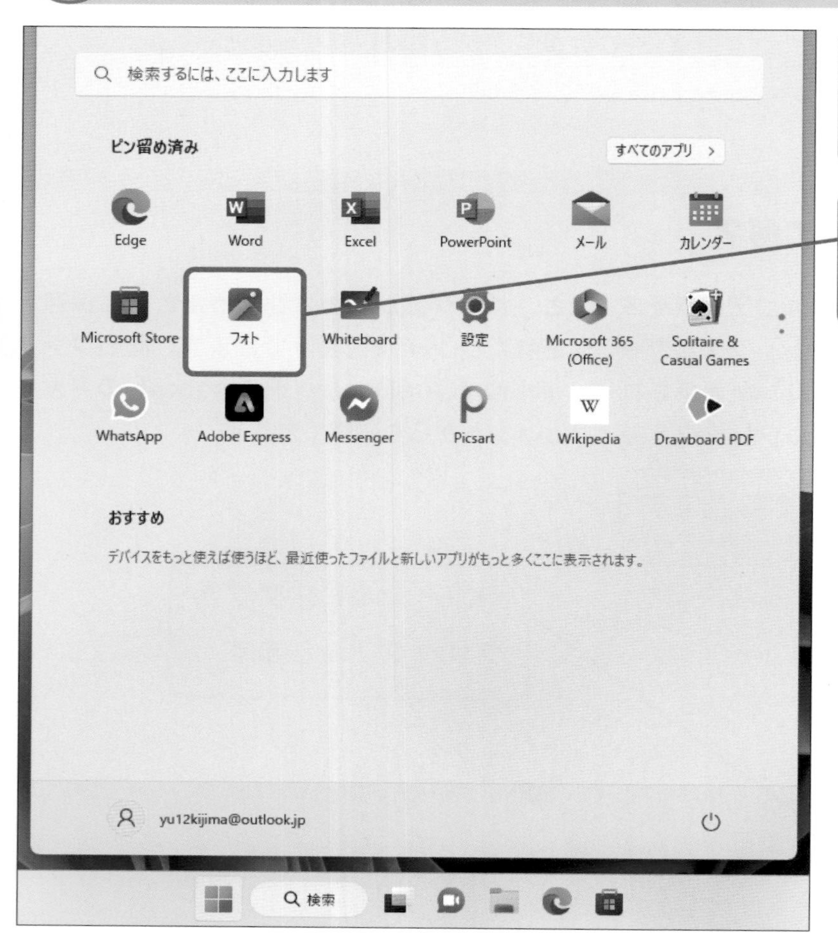

❶ をクリックします

❷［フォト］をクリックします

2 [フォト] アプリが起動しました

[ピクチャ] フォルダーに移行した写真が自動的に読み込まれます

□をクリックします

[フォト] アプリが最大化しました

次のページに続く ▶▶▶

③ ファイルから写真を表示します

❶［エクスプローラー］をクリックします

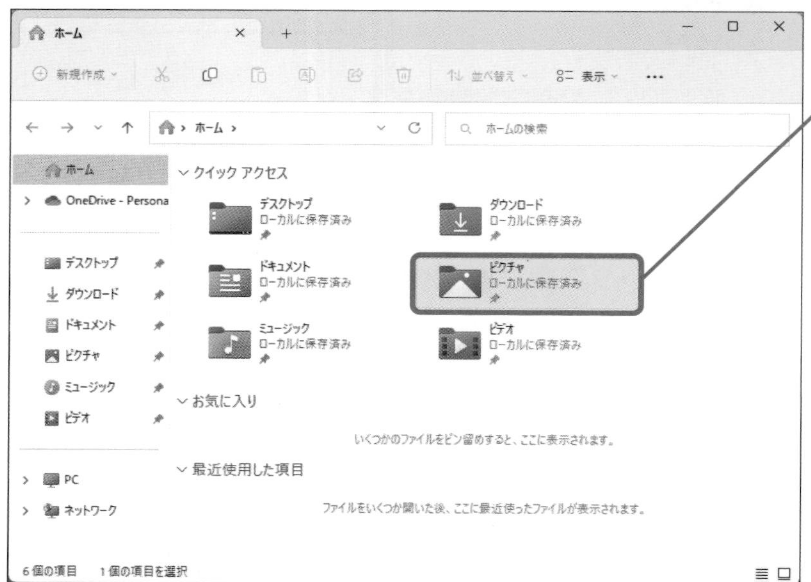

❷［ピクチャ］をダブルクリックします

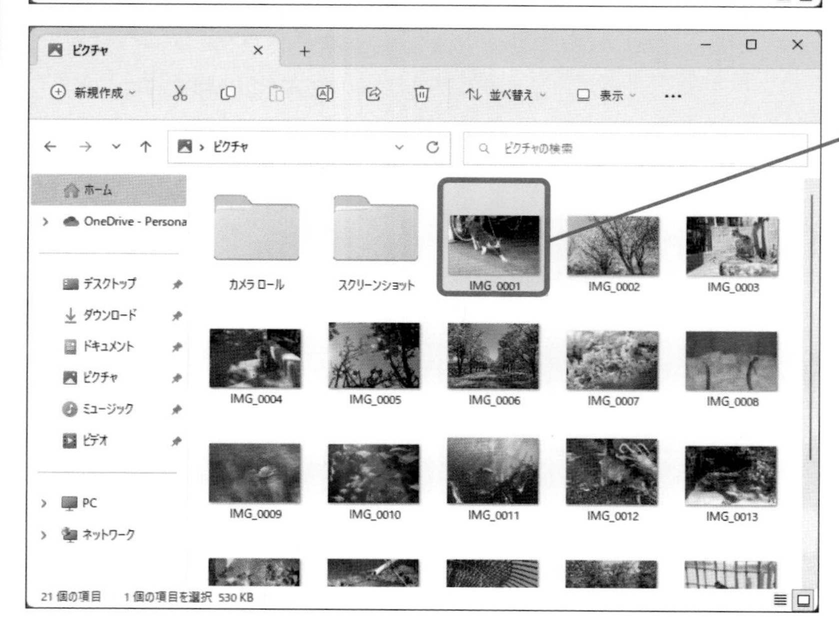

❸表示する写真をダブルクリックします

4 写真が表示されました

［フォト］アプリが起動して、写真が表示されました

ヒント

［フォト］アプリでは写真の調整ができます

［フォト］アプリは、写真を編集することもできます。写真の表示後、画面上部の［画像の編集］ボタンをクリックしましょう。必要な部分だけ切り取ったり、傾きや明るさ、色合いなどを調整したり、特殊なフィルター効果を適用したりできます。編集した写真は［コピーとして保存］で別のファイルとして保存できます。

をクリックします

写真の編集ができるようになりました

ブラウザーのお気に入りを表示しよう

キーワード Microsoft Edgeのお気に入り

移行したお気に入りは、ブラウザーを起動して確認します。Microsoft Edgeの［お気に入り］を開いて、移行したWebサイトが登録されているかどうかを確認しましょう。

操作はこれだけ　クリック ➡11ページ

1 Microsoft Edgeを起動します

❶［Microsoft Edge］をクリックします

❷ をクリックします

② インポートしたお気に入りを表示します

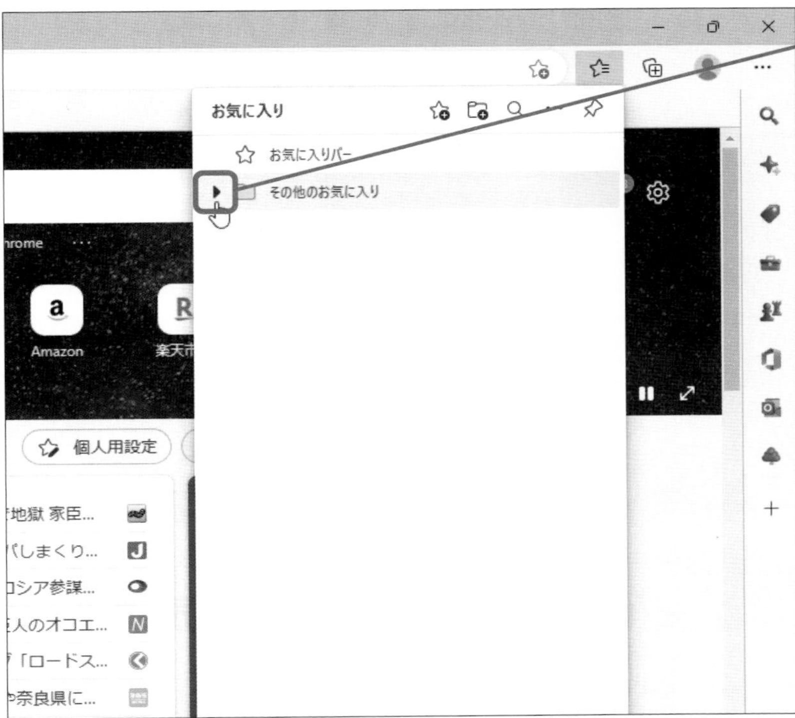

▶をクリックします

ヒント
お気に入りを追加するには

お気に入りを追加したいときは、Webページを表示後、アドレスバーの右端にある［お気に入りに追加］ボタンをクリックします。

インポートしたお気に入りが表示されました

クリックすると、Webページが表示されます

▶▶▶ 終わり

メールでやり取りしよう

キーワード [メール] アプリ

メールを確認してみましょう。メールがあるかどうかや、連絡先を確認しておきましょう。ここでは、Outlookと［メール］アプリの両方を確認します。

操作はこれだけ

クリック
➡11ページ

入力する
➡13ページ

Outlookでメールを新規作成します

1 Outlookの新規メール作成画面を表示します

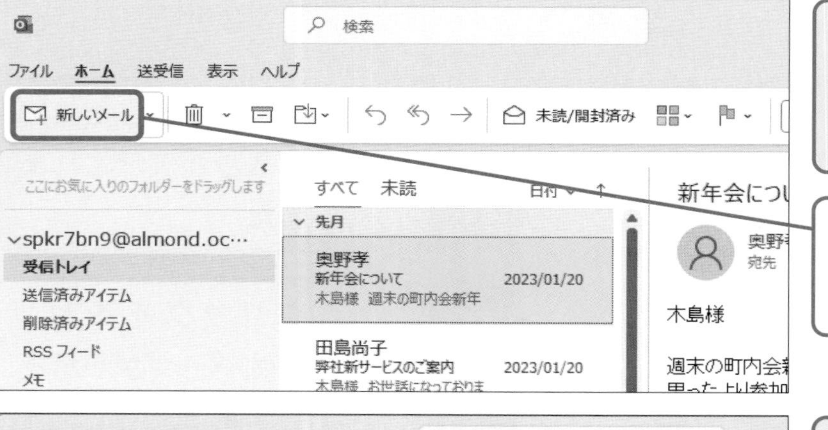

レッスン㉘を参考に、Outlookを起動しておきます

❶ ［新しいメール］をクリックします

メールの作成画面が表示されました

❷ ［宛先(T)］をクリックします

② Outlookで連絡先から宛先を選択します

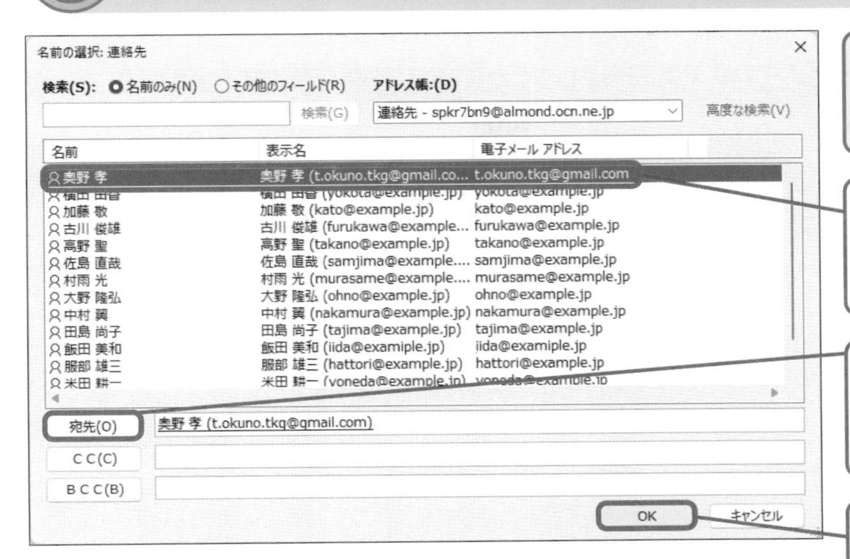

［連絡先］画面が表示されました

❶メールアドレスをクリックします

❷ 宛先(O) をクリックします

❸ OK をクリックします

宛先が選択されました

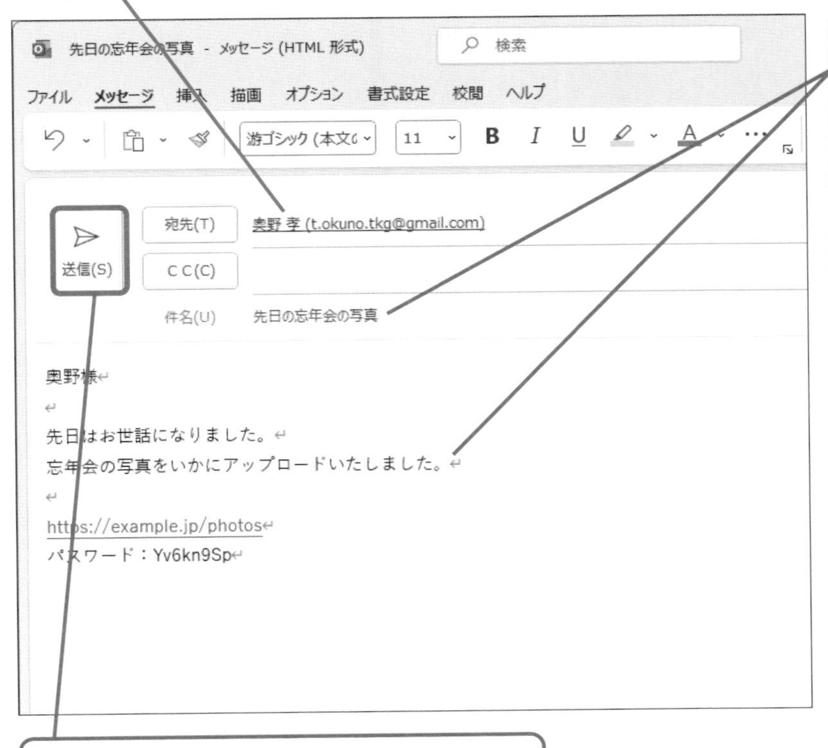

❹メールのタイトルと本文を入力します

Outlookからメールが送信されます

❺［送信］をクリックします

ヒント

候補が自動で表示されます

登録済みのメールアドレスの場合、［宛先］欄にメールアドレスの一部を入力することで候補が表示されます。

[メール] アプリでメールを新規作成します

1 [メール] アプリのメール作成画面を表示します

❶ [スタート] をクリックします

❷ [メール] をクリックします

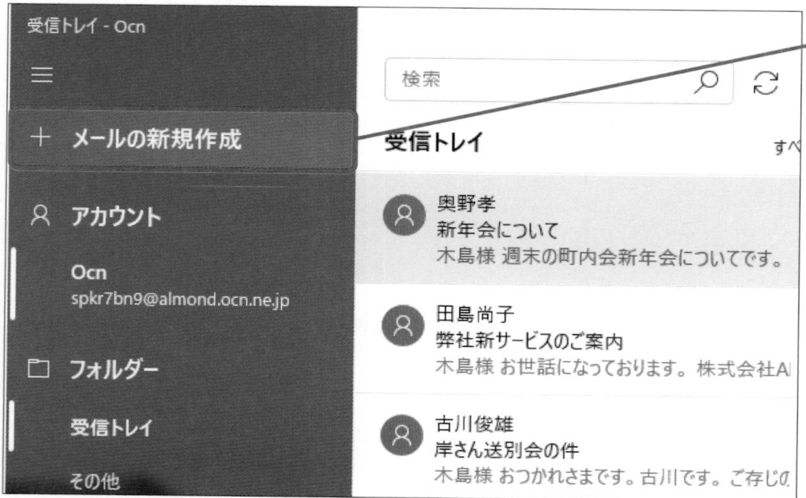

❸ メールの新規作成 をクリックします

2 [メール] アプリでアドレス帳から宛先を選択します

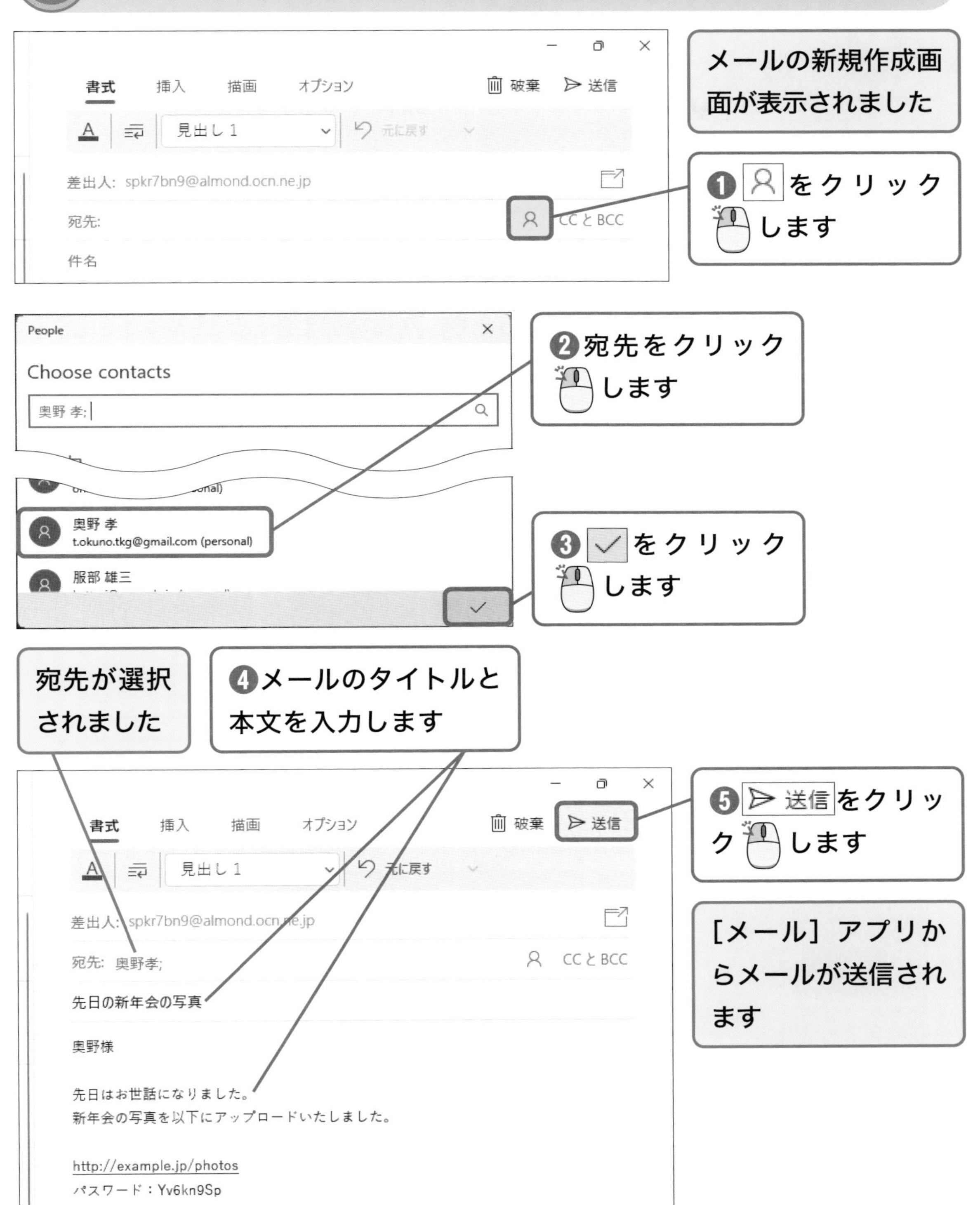

▶▶▶ 終わり

デジタルカメラやスマートフォンで撮った写真をインポートしたい

A [フォト] アプリを活用しましょう

Windows 11の[フォト]アプリを利用すると、デジタルカメラやスマートフォンから写真を簡単に取り込んで管理できます。写真をパソコンにバックアップとして保管できるだけでなく、印刷したり、簡単な加工をしたりすることもできます。

デジタルカメラとパソコンをUSBケーブルで接続しておきます

❶ インポート をクリックします

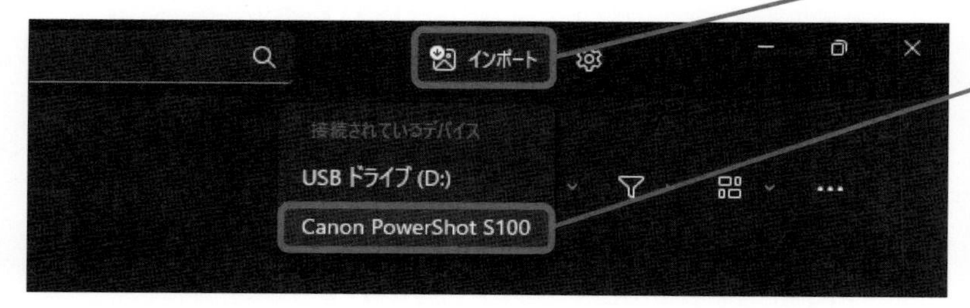

❷ [(カメラの機器名)] をクリックします

❸ すべて選択 をクリックします

項目数は取り込む写真の枚数によって変わります

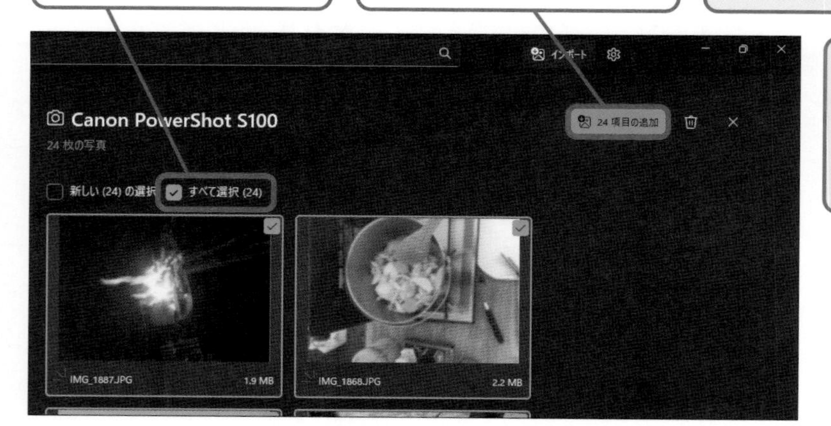

デジタルカメラから写真が取り込まれます

第7章

便利な機能をおぼえよう

新しいパソコンをより活用できるようになるために、Windows 11の便利な機能を使いこなしましょう。この章では、今までのWindowsと違う点や知っていると快適になる機能など、Windows 11ならではの機能について解説します。

この章の内容

◆この章を学ぶ前に◆

レッスン 36

便利な機能で新しいパソコンを使いこなそう

Windows 11を快適に操作できるようにしましょう。この章ではWindows 11の設定を変更したり、Windows 11ならではの機能を活用する方法を解説します。

毎日行う操作をもっと使いやすくできます

操作の起点となる［スタート］メニューをカスタマイズしたり、ウィンドウを快適に操作できるようにしてみましょう。よく使う機能を使いこなせるようにすることで、ストレスなくWindowsを操作できます。

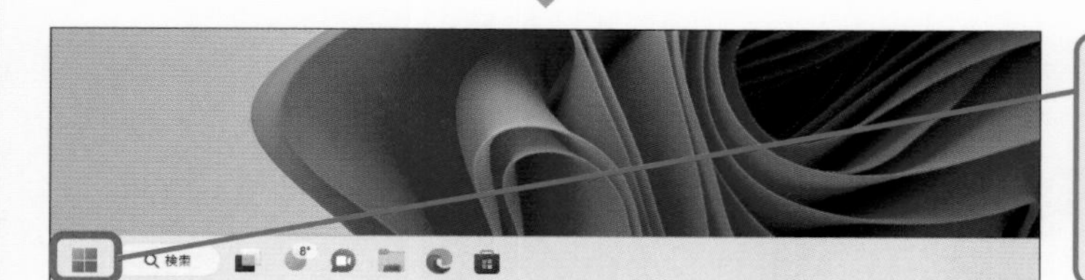

［スタート］ボタンをこれまでのWindowsのように左端に表示できます

簡単な操作で複数のウィンドウをきれいに配置して、見やすくできます

アプリやファイルを効率よく操作できます

ファイルやアプリを効率よく操作できるようにしてみましょう。エクスプローラーのタブを活用したり、タスクバーのアイコンを活用したりすると、さらに快適に操作できます。

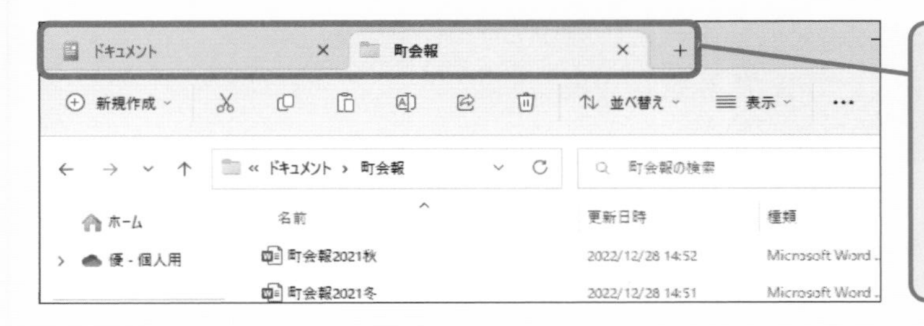

エクスプローラーのタブ機能を使えば、1つのウィンドウで複数のフォルダーを操作できます

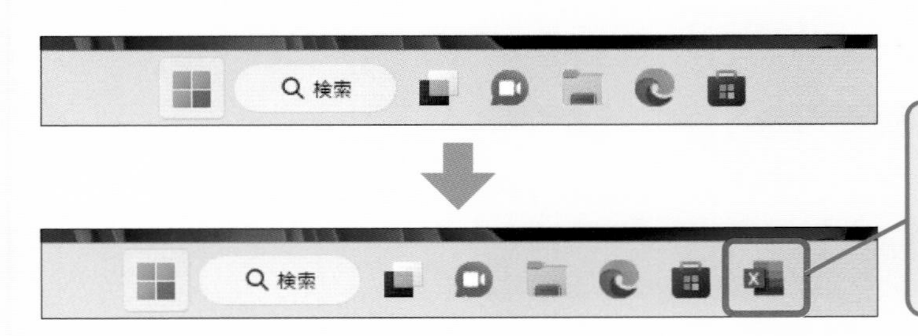

よく使うアプリをタスクバーに表示して、起動しやすくできます

大切なファイルを簡単にバックアップできます

クラウドサービスを活用して、パソコンをもっと快適にしてみましょう。OneDriveを活用することで、大切なファイルをバックアップできたり、次回の引っ越し作業が楽になります。

[ドキュメント] フォルダーのデータをOneDriveを使って、クラウド上に自動バックアップできます

[スタート] ボタンの位置を変えよう

キーワード タスクバーの設定

Windows 11はアプリを起動するための [スタート] ボタンが中央に配置されています。今までのWindowsと同じように左端に変えてみましょう。

操作はこれだけ

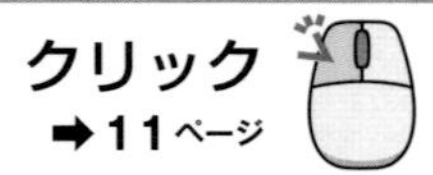

右クリック ➡12ページ

1 [タスクバー] の画面を表示します

❶タスクバーの何もないところを右クリックします

❷タスク バーの設定をクリックします

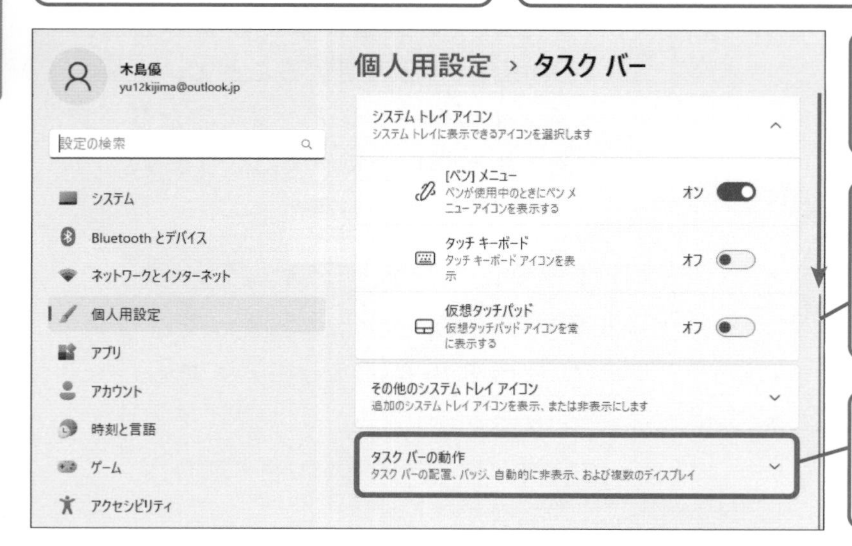

[設定] 画面が表示されました

❸ここをドラッグして下にスクロールします

❹タスク バーの動作をクリックします

2 [スタート] ボタンの位置を変更します

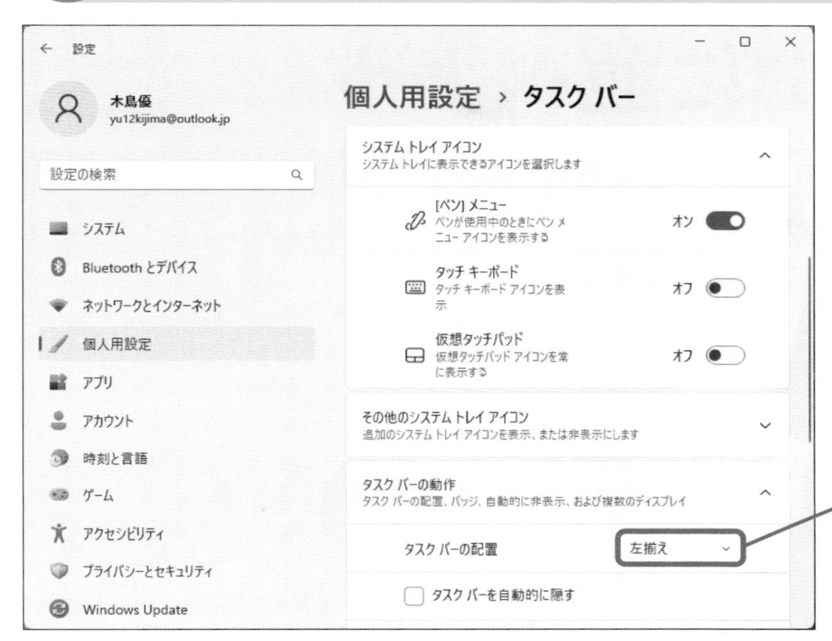

ヒント

[検索] って何？

タスクバーにある [検索] を利用すると、アプリ、設定、ファイル、インターネット上の情報など、さまざまな情報を検索できます。

❶ここをクリックして、左揃えを選択します

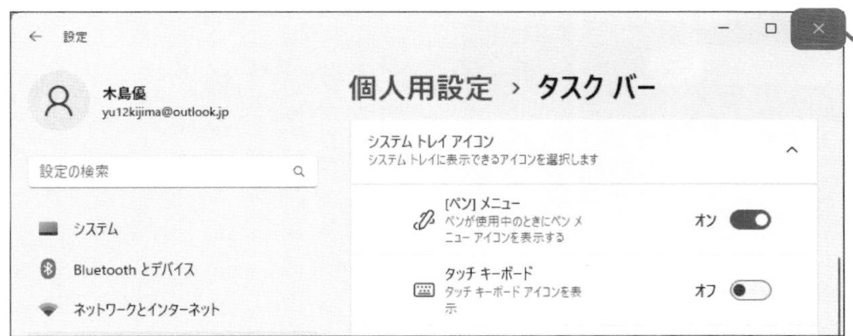

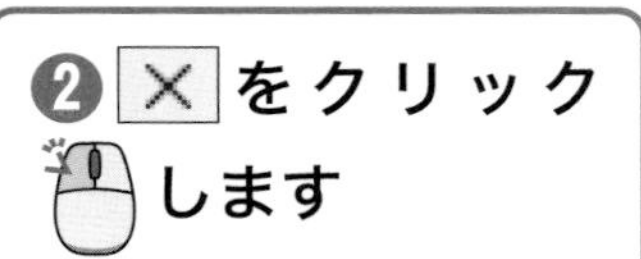

❷ ✕ をクリックします

[スタート] ボタンが左寄せで表示されました

終わり

ウィンドウをきれいに並べよう

キーワード スナップ機能

アプリのウィンドウを複数並べて作業するときはWindows 11のスナップレイアウトを活用すると便利です。簡単にウィンドウの配置場所を選べます。

操作はこれだけ

クリック ➡11ページ

ドラッグ ➡12ページ

1 スナップレイアウトメニューを表示します

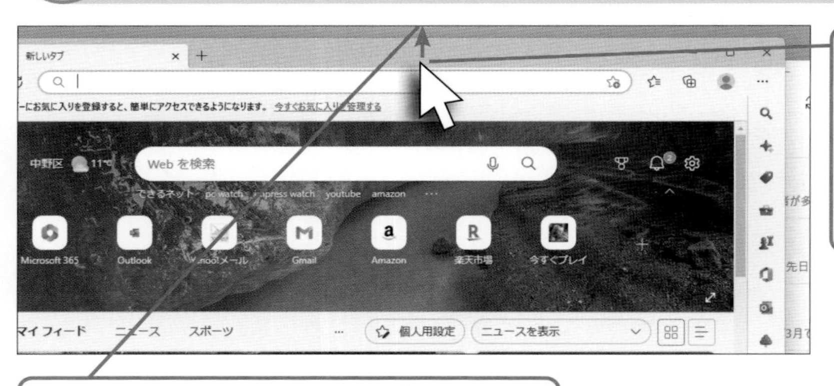

❶ウィンドウのタイトルバーにマウスポインターを合わせます

❷上端までドラッグします

スナップレイアウトメニューが表示されました

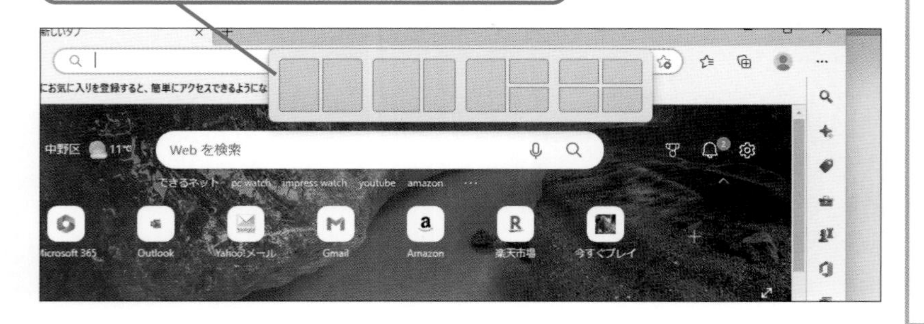

ヒント

ボタンからも実行できます

スナップレイアウトは、ウィンドウの最大化ボタンにマウスカーソルを合わせることでも利用できます。

2 ウィンドウを画面の左端に表示します

❶ここにドラッグします

ウィンドウが画面の左端に表示されました

❷もう１つのウィンドウをクリックします

もう１つのウィンドウが画面の右端に表示されました

❸ □ をクリックします

最初のウィンドウだけが最大化されます

終わり

ファイルを効率的に移動しよう

キーワード エクスプローラーのタブ機能

Windows 11のエクスプローラーでは、ブラウザーと同じような「タブ」を利用できます。タブを使って複数の場所のファイルを効率的に操作しましょう。

操作は これだけ

エクスプローラーのタブを利用します

1 タブを追加します

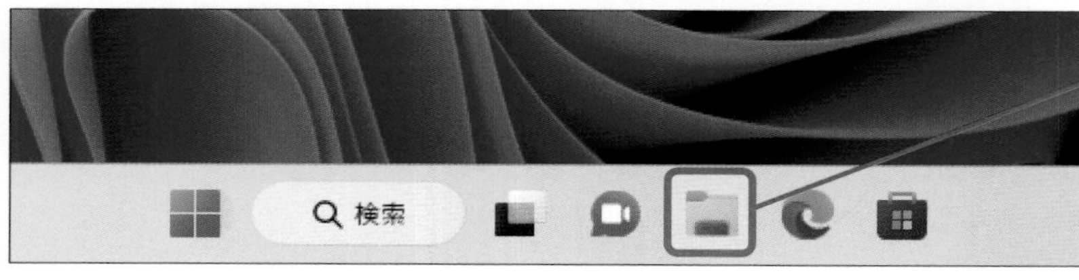

❶［エクスプローラー］をクリックします

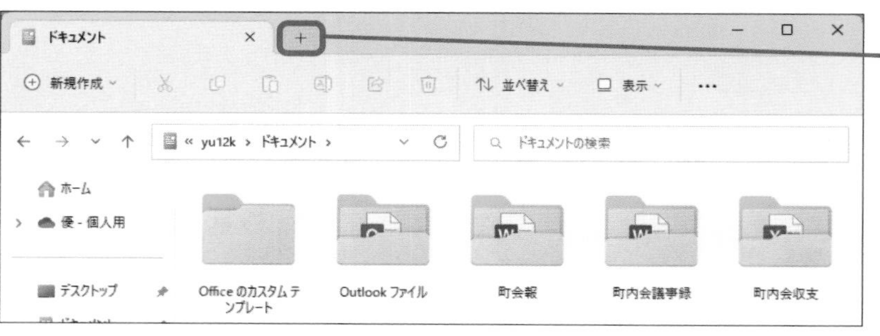

❷ ＋ をクリックします

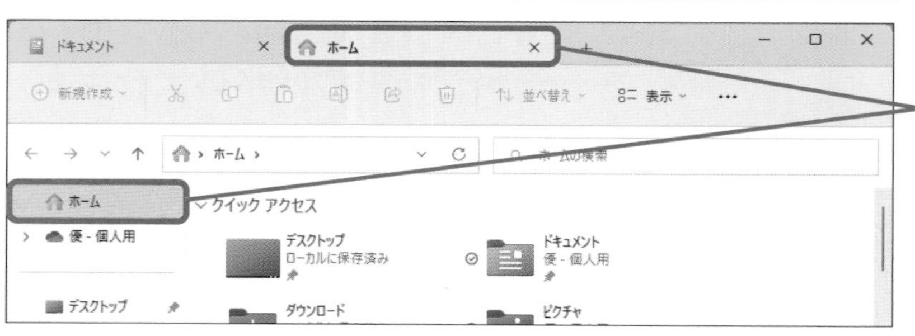

エクスプローラーに新しいタブが追加され、［ホーム］が表示されました

便利な機能をおぼえよう 第7章

2 タブを閉じます

×をクリックします

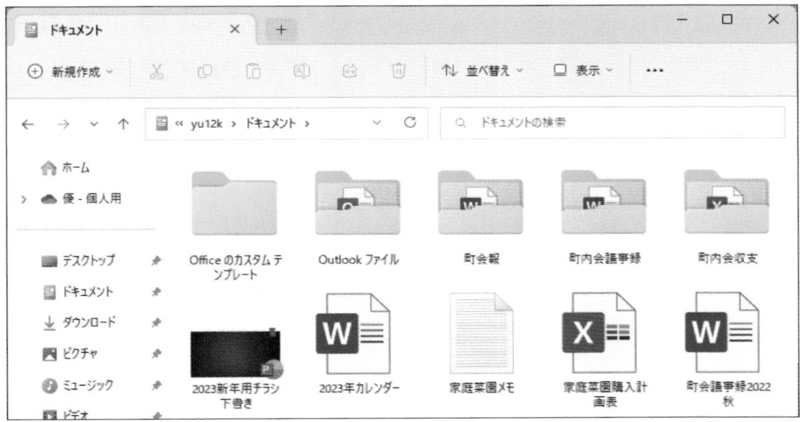

追加したタブが閉じました

ヒント

移動せずにコピーすることもできます

次ページでファイルを移動する際、同じドライブ内のフォルダー間でファイルをドラッグすると、移動の操作となり、元のフォルダーからファイルが消えます。移動ではなくコピーしたいときは、Ctrlキーを押しながらドラッグします。

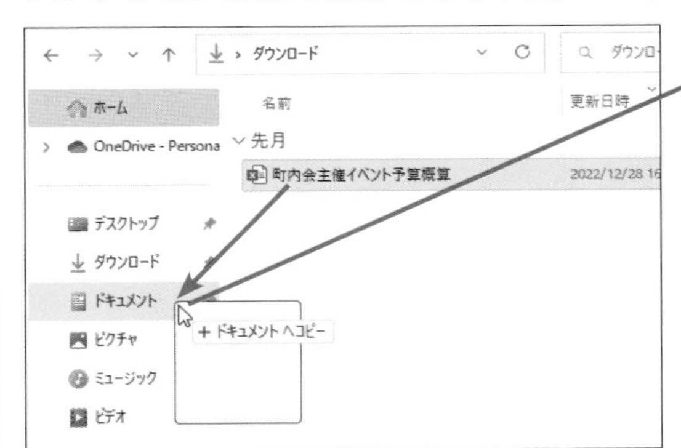

Ctrlキーを押しながら、ファイルをドラッグします

ファイルがコピーされます

次のページに続く ▶▶▶

タブを使ってファイルを移動します

1 ファイルの移動先を選択します

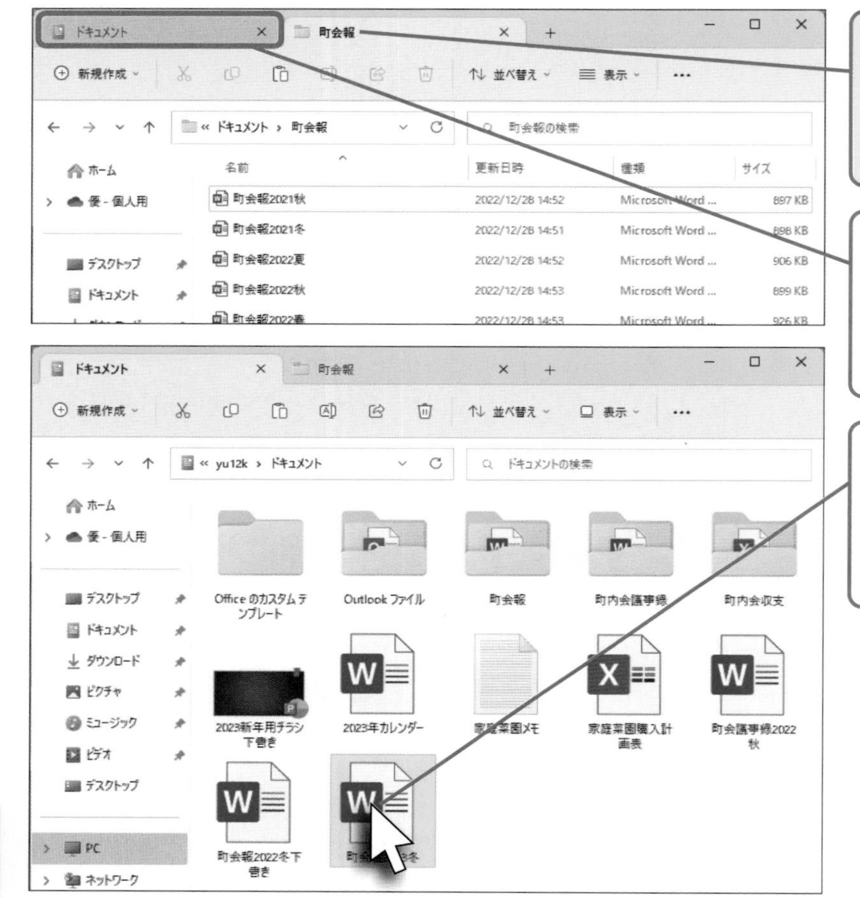

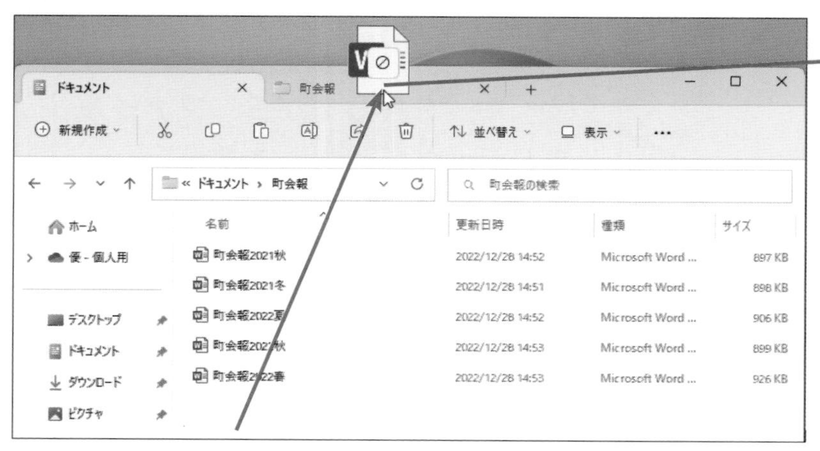

2 ファイルを移動します

移動先のウィンドウが表示されました

ファイルを移動先のウィンドウにドラッグします

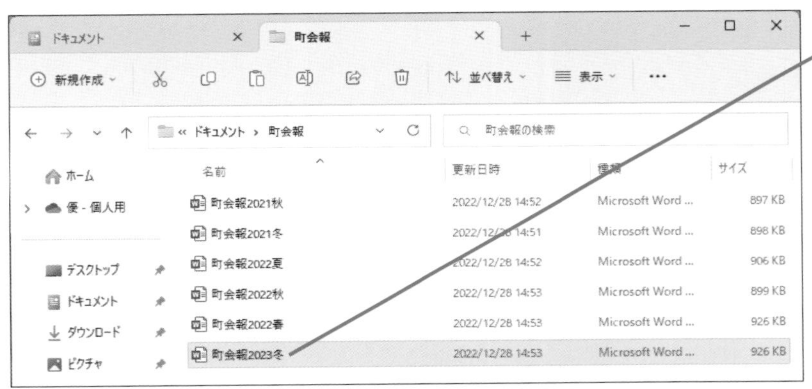

ファイルが移動しました

ヒント

クイックアクセスにドラッグして移動することもできる

［ホーム］画面や左側の一覧にピン留めされた［クイックアクセス］は、よく使うフォルダーに素早くアクセスするための機能です。ここにドラッグすることでも簡単にファイルを移動できます。

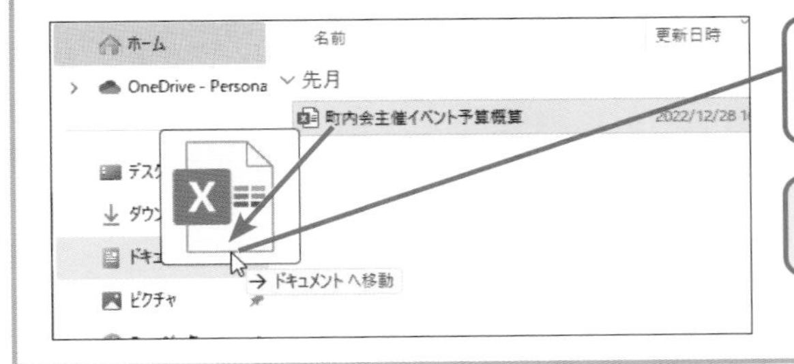

ファイルをドラッグします

ファイルが移動します

アプリを起動しやすくしよう

キーワード アプリのピン留め

よく使うアプリを素早く起動できるようにしましょう。タスクバーにピン留めしておくことで、常にタスクバーにアイコンが表示されるため、ワンクリックですぐに起動できます。

操作はこれだけ
クリック ➡11ページ

右クリック ➡12ページ

1 アプリをタスクバーに追加します

レッスン❻の手順1を参考に[スタート]メニューを表示しておきます

❶アプリのアイコンを右クリックします

❷[タスク バーにピン留めする]をクリックします

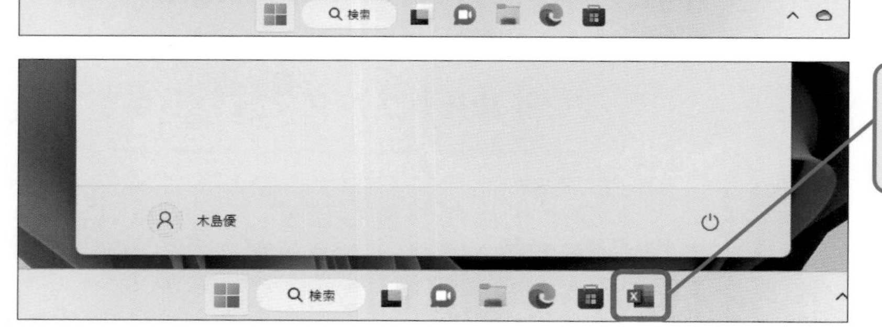

アプリがタスクバーに追加されました

❷ タスクバーに追加したアプリを削除します

❶アプリのアイコンを右クリックします

❷ タスクバーからピン留めを外す をクリックします

ヒント

[おすすめ] って何?

[スタート] メニューの下部には、最近使ったファイルが [おすすめ] として表示されます。例えば、編集中のファイルの作業の続きをしたいときなどに活用すると便利です。

タスクバーからアプリが削除されました

終わり

レッスン41 よく使うフォルダーを素早く表示しよう

キーワード フォルダーのピン留め

クイックアクセスによく使うフォルダーをピン留めしましょう。仕事のファイルが保存されたフォルダーなどを登録しておくと、作業をスムーズに開始できるようになります。

操作はこれだけ

クリック ➡11ページ　右クリック ➡12ページ

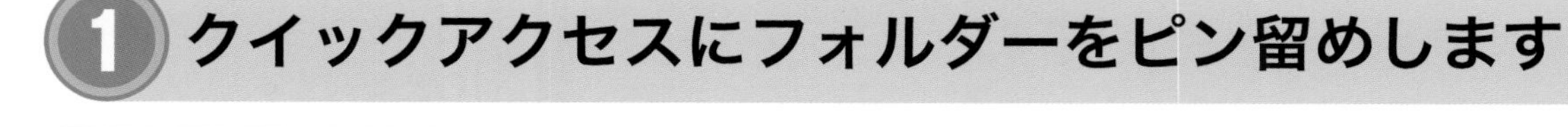

1 クイックアクセスにフォルダーをピン留めします

レッスン㉒の手順2を参考にエクスプローラーを起動しておきます

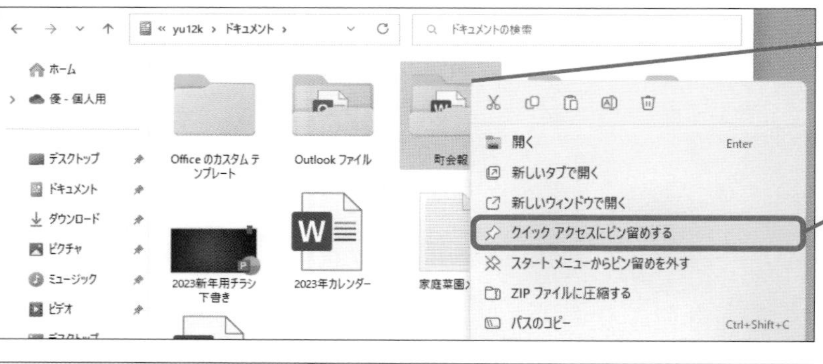

❶フォルダーを右クリックします

❷［クイックアクセスにピン留めする］をクリックします

クイックアクセスにフォルダーがピン留めされました

2 フォルダーのピン留めを外します

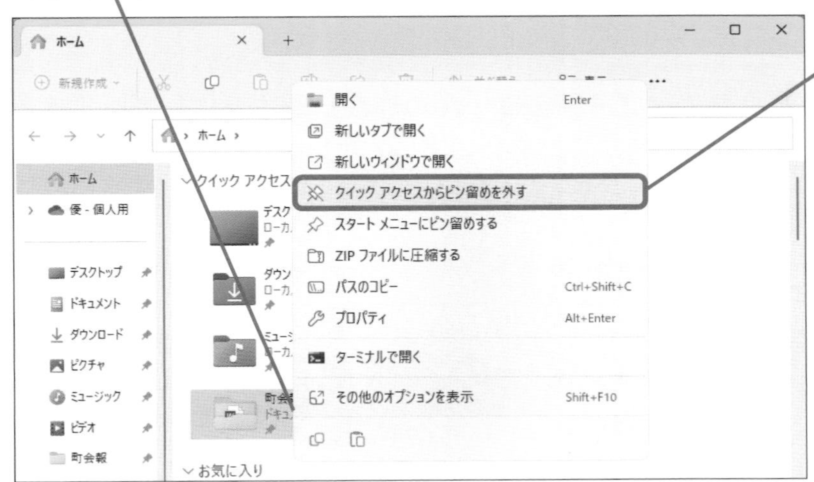

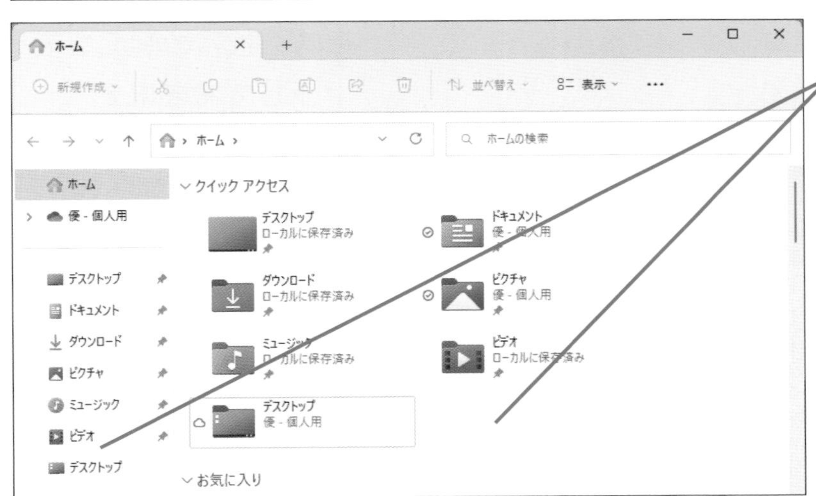

ヒント

よく使うファイルは［お気に入り］に登録しよう

［クイックアクセス］にはフォルダーしか登録できません。よく使うファイルに素早くアクセスできるようにしたいときは、右クリックして［お気に入りに追加］からホーム画面に登録しましょう。エクスプローラーを起動したときに表示される［ホーム］画面の［お気に入り］に表示されるようになるため、素早く開けるようになります。

終わり

ファイルをクラウドに自動バックアップしよう

キーワード OneDriveの自動バックアップ

本書ではレッスン㉑で自動バックアップ（OneDriveの同期）をオフにしています。OneDriveの容量に余裕がある場合は便利なので必要に応じてオンにしておきましょう。

操作はこれだけ

クリック ➡11ページ

右クリック ➡12ページ

1 [ドキュメント] フォルダーの容量を確認します

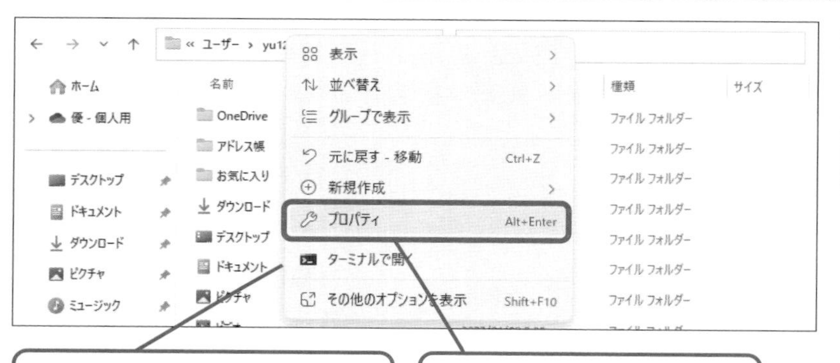

レッスン㉜の手順1の2枚目の画面を表示しておきます

❶ [ドキュメント] を右クリックします

❷ プロパティをクリックします

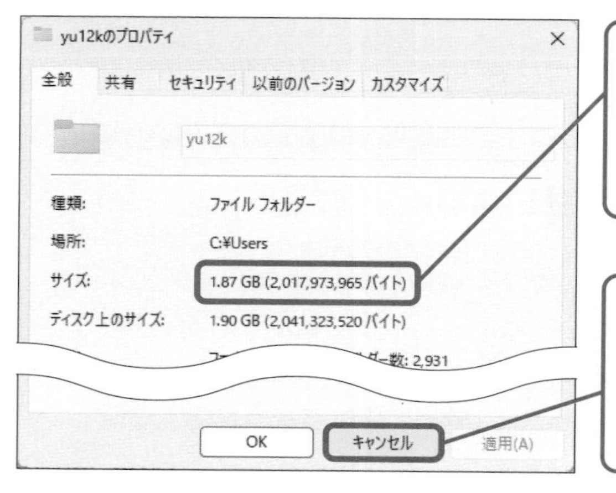

❸容量が5GB以下であることを確認します

❹ キャンセル をクリックします

ヒント

無料版の容量は5GBまで

無料版のOneDriveは5GBまでしかデータを保存できません。同期対象フォルダーが5GB以上の場合エラーが発生するため、必ず容量を確認してから有効化しましょう。

便利な機能をおぼえよう 第7章

② OneDriveの設定画面を表示します

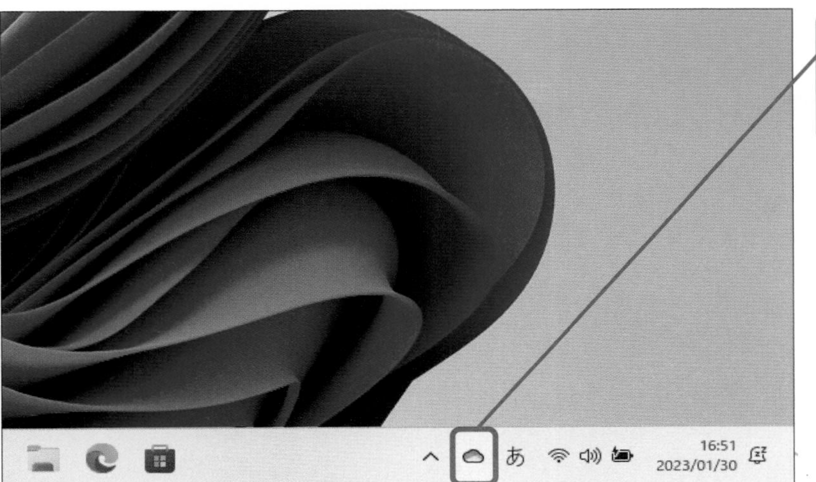

❶ [OneDriveアイコン]をクリックします

❷ [設定アイコン]をクリックします

❸ 設定(B)をクリックします

ヒント

有料版も検討しよう

月額版OfficeのMicrosoft 365や、100GBのOneDriveが使えるMicrosoft Basicを契約すれば、5GB以上のデータがあっても同期できます。

次のページに続く ▶▶▶

③ 同期する項目を選択します

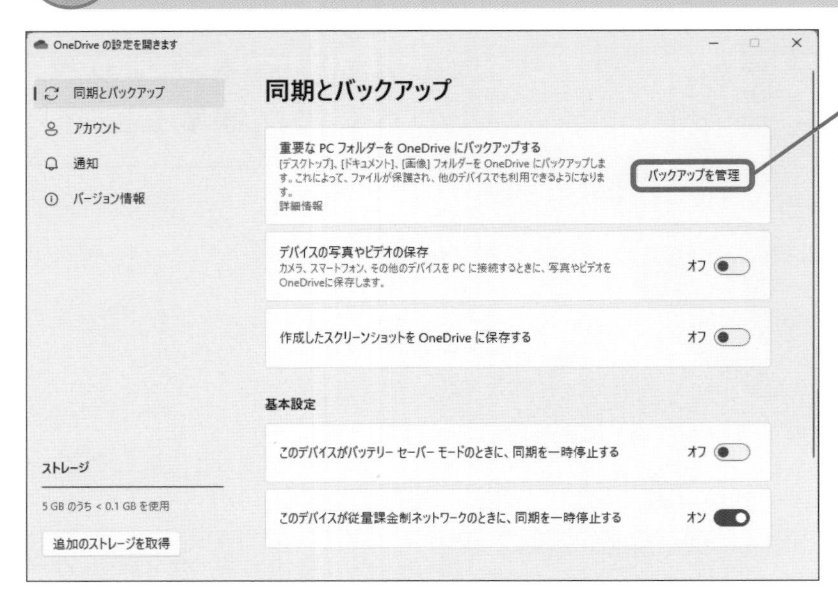

❶ バックアップを管理 をクリックします

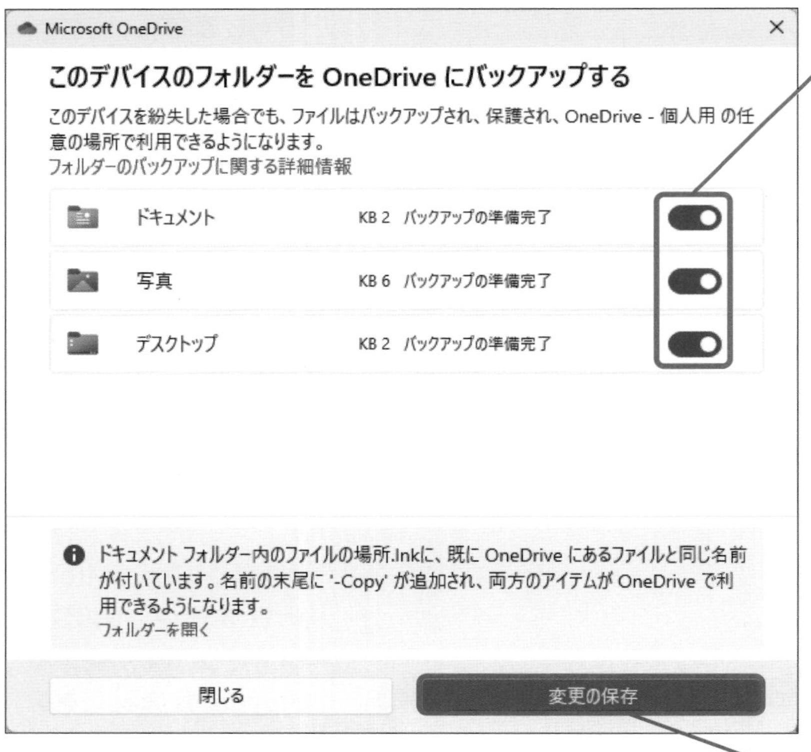

❷ それぞれの ● をクリックして ● にします

❸ 変更の保存 をクリックします

ヒント

すべて設定しなくてもかまいません

3つのフォルダーすべてではなく必要なフォルダーだけを選んで同期することもできます。容量が表示されるので、確認しながら選びましょう。

同期が開始されました

❶ × をクリックします

同期が終わるまでしばらく待ちます

ヒント

同期にはしばらく時間がかかります

データ容量や回線状況によっては、完了するまでしばらく時間がかかりますが、他の作業をしてかまいません。途中で電源がオフになっても起動後に再開されます。

❷ ドキュメントをクリックします

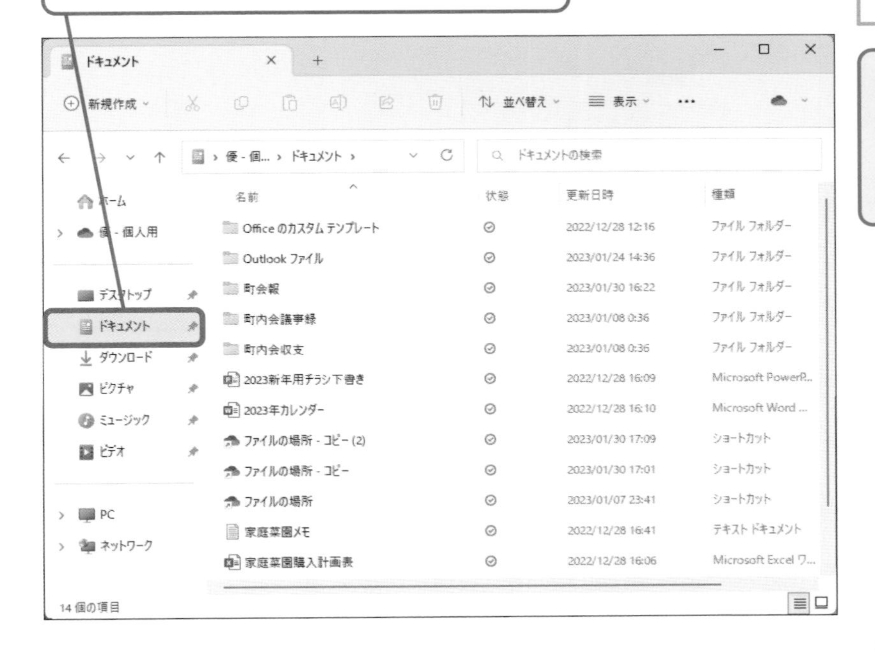

同期したファイルやフォルダーが表示されました

終わり

コントロールパネルはなくなったの？

A 使えますが、ほとんどの設定が［設定］から可能です

Windows 11では、Windowsのほぼすべての設定を［設定］から変更することができます。以下のように操作することで、コントロールパネルも利用可能ですが、コントロールパネルでしかできない設定はわずかとなります。

❶［↑］をクリックします

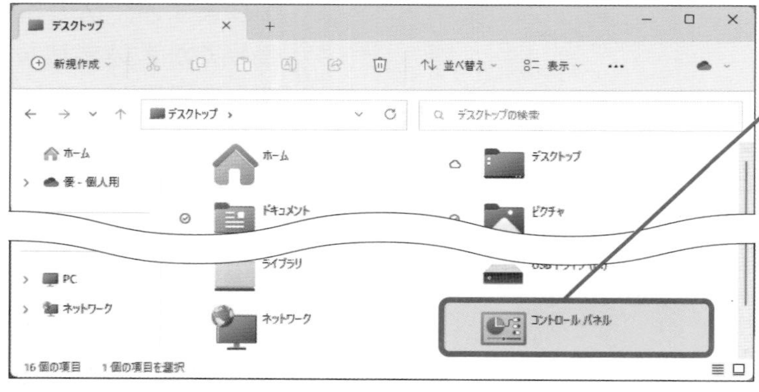

❷［コントロールパネル］をダブルクリックします

コントロールパネルが表示されました

付録1 Microsoftアカウントを作成するには

Microsoftアカウントを取得していない場合は、この手順を参考に新しいアカウントを作成しましょう。Windows 8.1を利用している場合はブラウザーでMicrosoftのWebページから作成します。Windows 11を利用する場合は、初期セットアップ時に作成します。

Windows 8.1でMicrosoftアカウントを作成します

付
録

1 Microsoftアカウントの作成を開始します

ブラウザーを起動しておきます

❶以下のURLのWebページを表示します

Microsoft アカウント
https://account.microsoft.com/

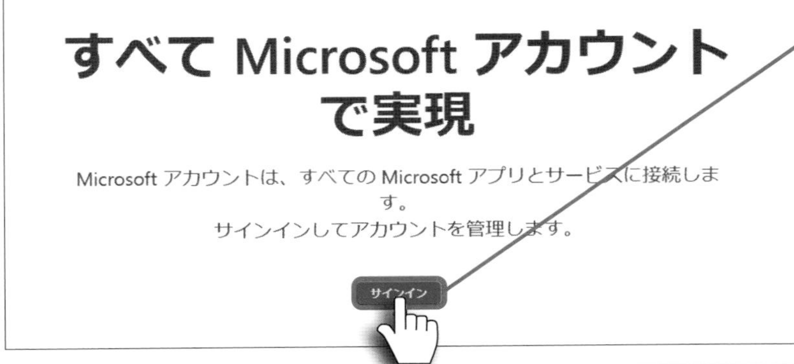

❷サインインをクリックします

❸作成をクリックします

② メールアドレスとパスワードを指定します

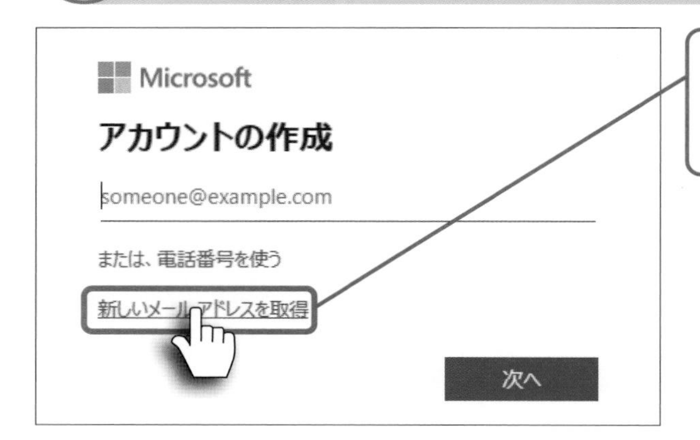

❶ 新しいメール アドレスを取得 をクリックします

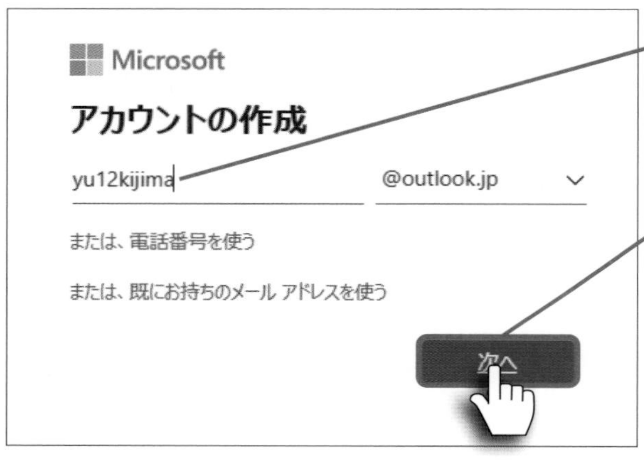

❷希望するメールアドレスの「@」以前を入力します

❸ 次へ をクリックします

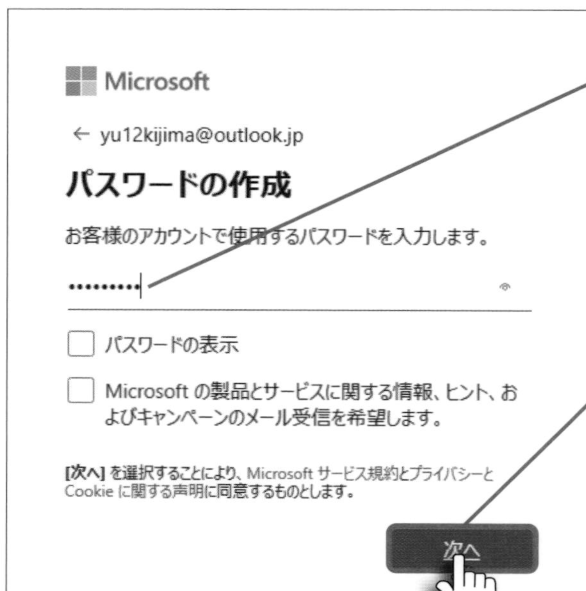

❹希望するパスワードを入力します

❺ 次へ をクリックします

［パスワードを保存］の画面が表示されたら、 保存してオンにする をクリックしておきます

ロボットではないことを証明します

← yu12kijima@outlook.jp

アカウントの作成

ロボットでないことを証明するために クイズに回答してください。

❶次をクリックします

アカウントの作成

同一の物体が2つ表示されているマスを1つ選んでください。

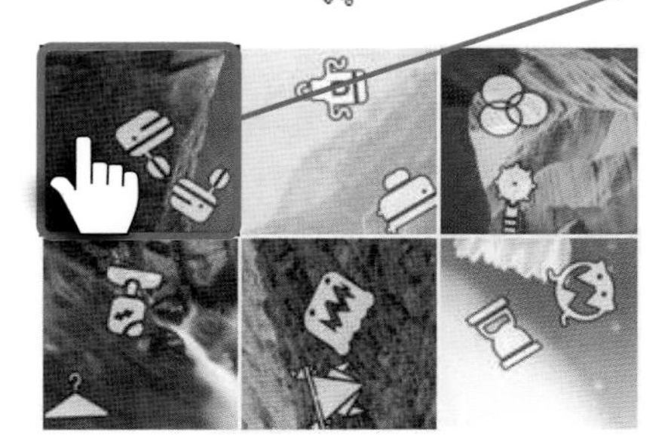

❷画面の指示にしたがって、該当するマスをクリックします

何度か、同じ手順を繰り返します

Microsoft アカウント　あなたの情報　プライバシー　セキュリティ　Rewards

名前を追加する

yu12kijima@outlook.jp

Microsoft 365
プレミアム Office アプリ、OneDrive クラウド ストレージなど

Microsoft 365 Personal を購入

生産性を高めましょう - Word、Excel、PowerPoint、OneNote などが付属する Microsoft Family をご購入下さい。

Microsoft 365 の入手

デバイス

Microsoftアカウントが作成されました

❸プライバシーをクリックします

付録

④ セキュリティ情報を追加します

yu12kijima@outlook.jp

お客様のアカウント保護にご協力ください

パスワードは、忘れたり盗まれたりする可能性があります。万が一の場合に備えて、セキュリティ情報をここで追加してください。これにより、問題が発生しても、アカウントへのアクセスを回復することができます。この情報はアカウントに対するセキュリティを高めるために使用されるものであり、迷惑メールの送信に使用されることはありません。詳細を表示。

追加するセキュリティ情報を選んでください。

電話番号

日本 (+81)

この番号を確認するため、SMS が送信されます。

ここでは携帯電話番号を追加します

❶ ⌄ をクリックして、電話番号を選択します

固定電話しかなかったり、SMSを受信できる携帯電話がなかったりするときは、[メールアドレス] を選択します

❷携帯電話番号を入力します

❸ 次へ をクリックします

yu12kijima@outlook.jp

コードの入力

にお送りしたコードを入力してください

コードがない場合

入力した携帯電話番号に、コードが記載されたSMSが届きます

❹コードを入力します

❺ 次へ をクリックします

ご本人確認のお願い

コードを持っている場合

❻ [********* (携帯電話番号の末尾2桁) にSMSを送信] をクリックします

付録

携帯電話番号を確認します

← yu12kijima@outlook.jp

電話番号を確認する

確認コードを ********* に送信します。お使いの電話番号であることを確認するために末尾が　である最後の 4 桁を入力してください。

コードを持っている場合

❶携帯電話番号の末尾4桁を入力します

❷ コードの送信 をクリックします

Microsoft

← yu12kijima@outlook.jp

コードの入力

がお使いのアカウントの電話番号の最後の 4 桁と一致する場合は、コードをお送りします。

コード

☑ 今後、このデバイスでこのメッセージを表示しない

キャンセル

入力した携帯電話番号に、コードが記載されたSMSが届きます

メールアドレスを選択したときはコードを記載したメールが届きます

❸ 確認 をクリックします

yu12kijima@outlook.jp

パスワードから自由になる

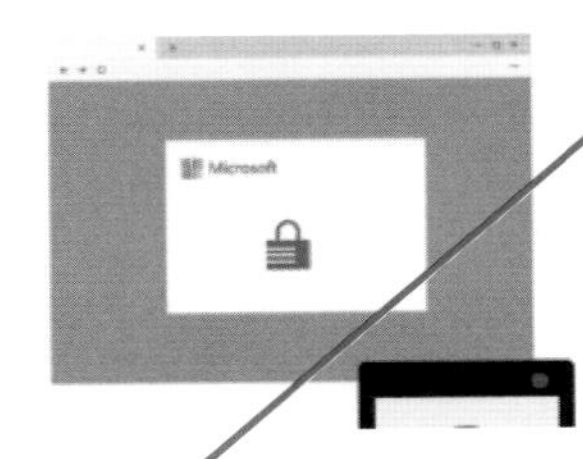

パスワードなしでサインインするためのスマートフォン アプリを入手します。利便性とセキュリティが向上します。

キャンセル

❹ キャンセル をクリックします

付録

Windows 11でMicrosoftアカウントを取得します

1 Microsoftアカウントの取得を開始します

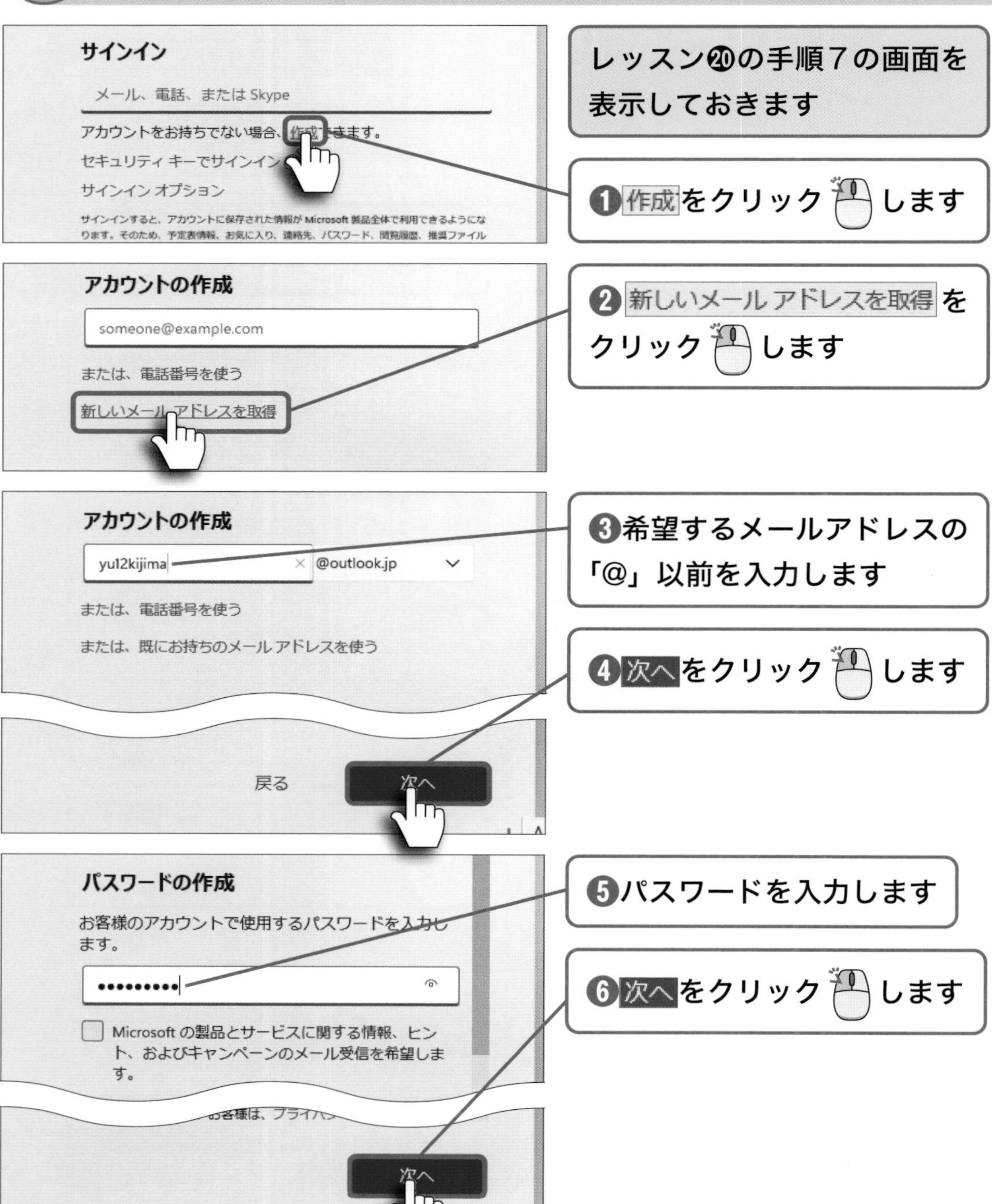

その他の情報を入力します

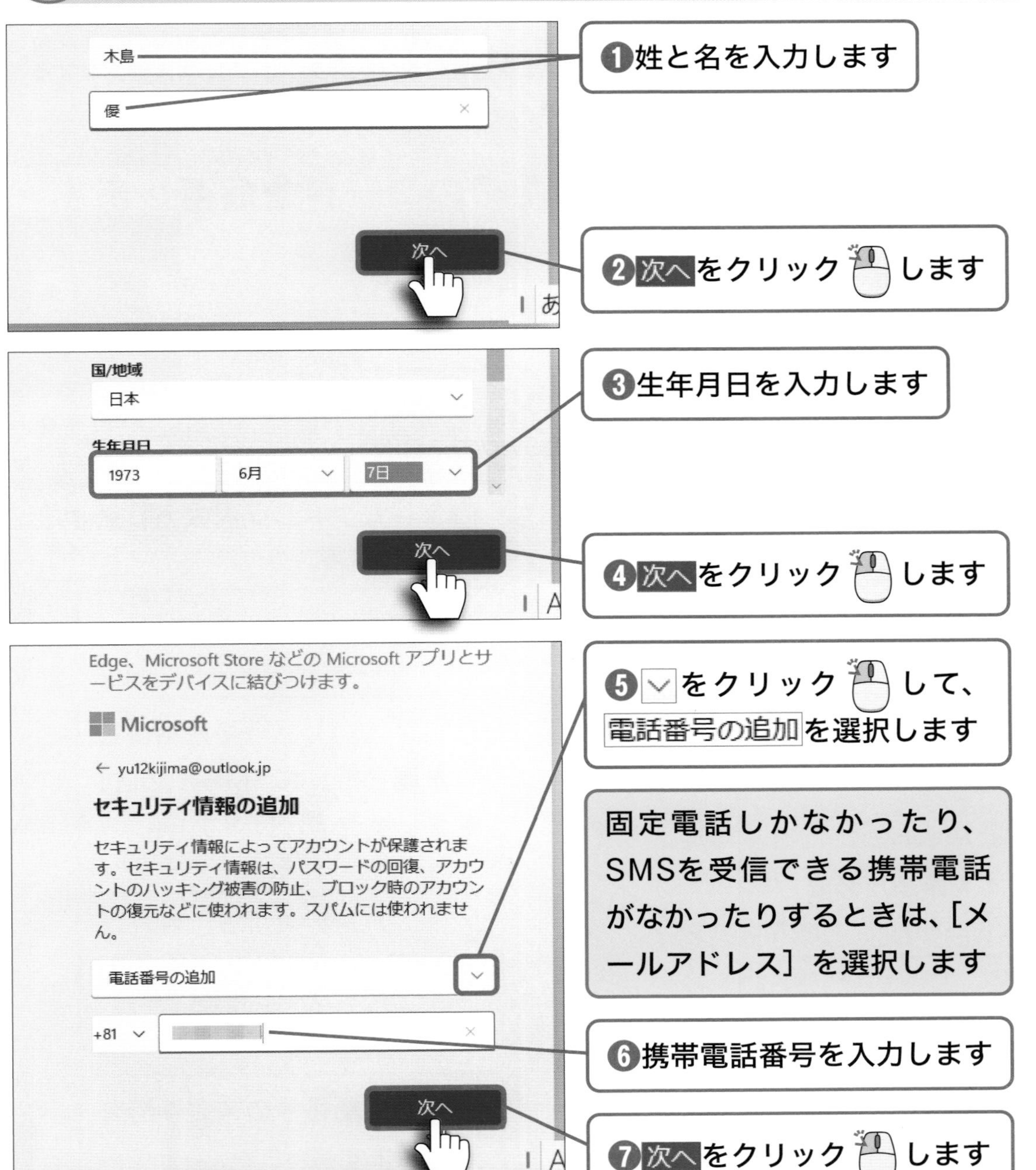

❶姓と名を入力します

❷次へをクリックします

❸生年月日を入力します

❹次へをクリックします

❺ をクリックして、電話番号の追加を選択します

固定電話しかなかったり、SMSを受信できる携帯電話がなかったりするときは、[メールアドレス] を選択します

❻携帯電話番号を入力します

❼次へをクリックします

レッスン⑳の手順8の画面が表示されるので、セットアップの操作を進めます

付録

付録2 Microsoftアカウントのパスワードを忘れてしまったときは

Microsoftアカウントのパスワードを忘れてしまったときは、アカウントのページからパスワードをリセットできます。登録した電話番号やメールアドレスで本人確認をすることで、新しいパスワードを設定できます。

1 パスワードリセットのためのコードを取得します

ブラウザーを起動しておきます

❶以下のURLのWebページを表示します

アカウントの回復
https://account.live.com/ResetPassword.aspx

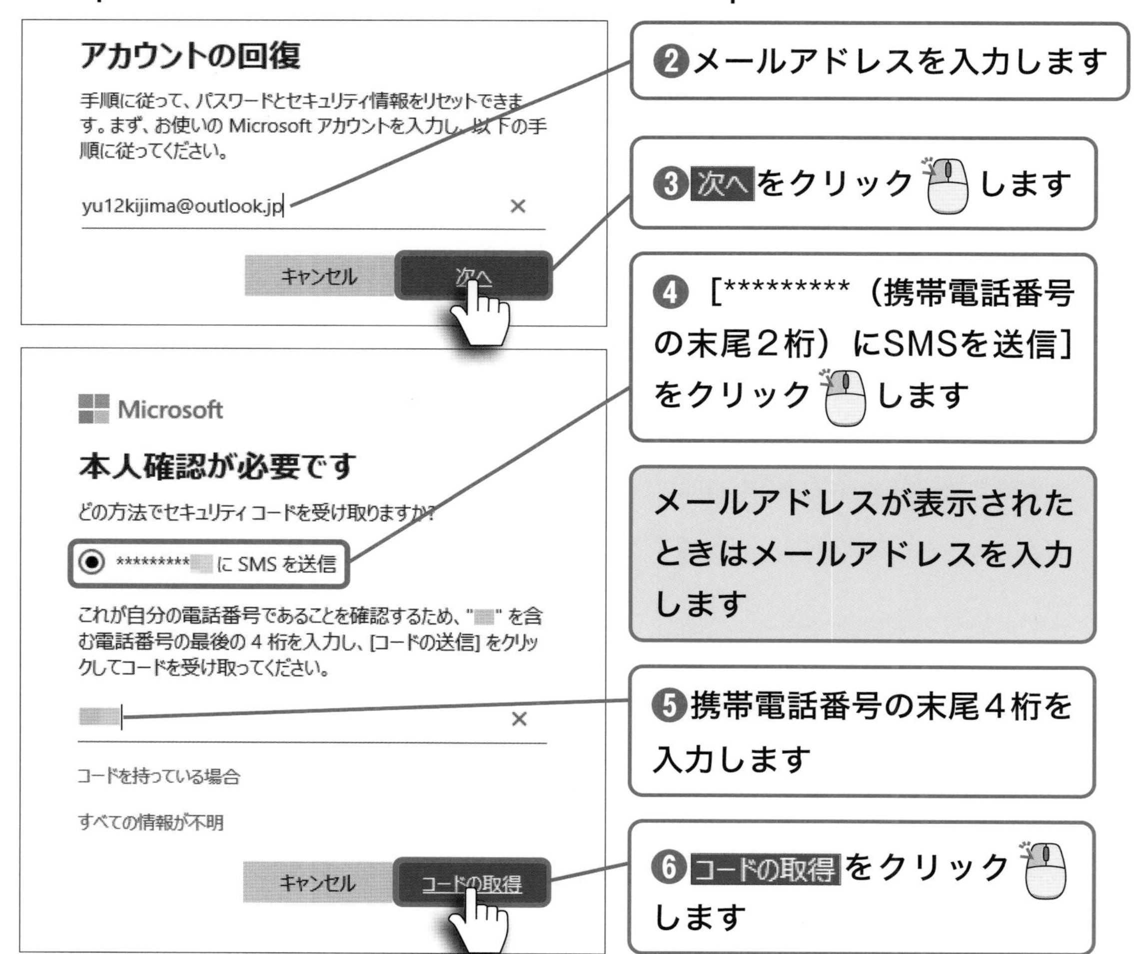

② 新しいパスワードを入力します

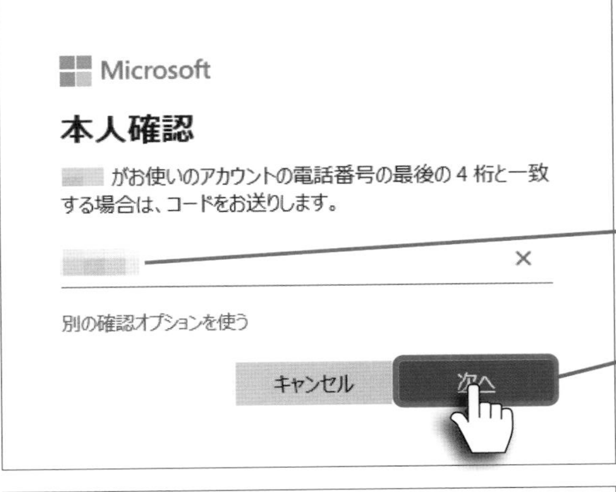

入力した携帯電話番号に、コードが記載されたSMSが届きます

❶コードを入力します

❷次へをクリックします

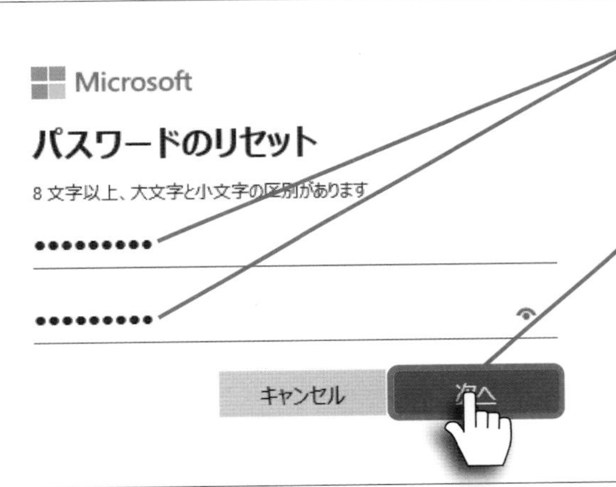

❸新しいパスワードを2回入力します

❹次へをクリックします

パスワードが変更されます

ヒント

登録した携帯電話番号やメールアドレスがわからない！

本人確認用の電話番号やメールアドレスがわからないときは、手順1の2枚目の画面で［すべての情報が不明］をクリックします。新たに連絡用のメールアドレスを入力すると、同様に本人確認用のコードが送られてきますので、画面の指示に従って入力することで、新しいパスワードを設定することができます。

付録3 ローマ字変換表

ローマ字入力での入力規則を表にしました。ローマ字入力で文字を入力するときに読みに対応するローマ字のスペルがわからなくなったときは、この表を見て文字を入力してください。

あ行

あ	い	う	え	お
a	i	u	e	o
	yi	wu		
		whu		

ぁ	ぃ	ぅ	ぇ	ぉ
la	li	lu	le	lo
xa	xi	xu	xe	xo
	lyi		lye	
	xyi		xye	

いぇ
ye

うぁ	うぃ		うぇ	うぉ
wha	whi		whe	who

か行

か	き	く	け	こ
ka	ki	ku	ke	ko
ca		cu		co
		qu		

きゃ	きぃ	きゅ	きぇ	きょ
kya	kyi	kyu	kye	kyo

くゃ		くゅ		くょ
qya		qyu		qyo

くぁ	くぃ	くぅ	くぇ	くぉ
qwa	qwi	qwu	qwe	qwo
qa	qi		qe	qo
	qyi		qye	

が	ぎ	ぐ	げ	ご
ga	gi	gu	ge	go

ぎゃ	ぎぃ	ぎゅ	ぎぇ	ぎょ
gya	gyi	gyu	gye	gyo

ぐぁ	ぐぃ	ぐぅ	ぐぇ	ぐぉ
gwa	gwi	gwu	gwe	gwo

さ行

さ	し	す	せ	そ
sa	si	su	se	so
	ci		ce	
	shi			

しゃ	しぃ	しゅ	しぇ	しょ
sya	syi	syu	sye	syo
sha		shu	she	sho

すぁ	すぃ	すぅ	すぇ	すぉ
swa	swi	swu	swe	swo

ざ	じ	ず	ぜ	ぞ
za	zi	zu	ze	zo
	ji			

じゃ	じぃ	じゅ	じぇ	じょ
zya	zyi	zyu	zye	zyo
ja		ju	je	jo
jya	jyi	jyu	jye	jyo

た行

た	ち	つ	て	と
ta	ti	tu	te	to
	chi	tsu		

っ
ltu ※1
xtu

ちゃ	ちぃ	ちゅ	ちぇ	ちょ
tya	tyi	tyu	tye	tyo
cha		chu	che	cho
cya	cyi	cyu	cye	cyo

つぁ	つぃ		つぇ	つぉ
tsa	tsi		tse	tso

てゃ	てぃ	てゅ	てぇ	てょ
tha	thi	thu	the	tho

						とぁ	とぃ	とぅ	とぇ	とぉ
						twa	twi	twu	twe	two
	だ	ぢ	づ	で	ど	ぢゃ	ぢぃ	ぢゅ	ぢぇ	ぢょ
	da	di	du	de	do	dya	dyi	dyu	dye	dyo
						でゃ	でぃ	でゅ	でぇ	でょ
						dha	dhi	dhu	dhe	dho
						どぁ	どぃ	どぅ	どぇ	どぉ
						dwa	dwi	dwu	dwe	dwo
な行	な	に	ぬ	ね	の	にゃ	にぃ	にゅ	にぇ	にょ
	na	ni	nu	ne	no	nya	nyi	nyu	nye	nyo
は行	は	ひ	ふ	へ	ほ	ひゃ	ひぃ	ひゅ	ひぇ	ひょ
	ha	hi	hu fu	he	ho	hya	hyi	hyu	hye	hyo
						ふゃ		ふゅ		ふょ
						fya		fyu		fyo
						ふぁ	ふぃ	ふぅ	ふぇ	ふぉ
						fwa fa	fwi fi fyi	fwu	fwe fe fye	fwo fo
	ば	び	ぶ	べ	ぼ	びゃ	びぃ	びゅ	びぇ	びょ
	ba	bi	bu	be	bo	bya	byi	byu	bye	byo
						ヴぁ	ヴぃ	ヴ	ヴぇ	ヴぉ
						va	vi	vu	ve	vo
						ヴゃ	ヴぃ	ヴゅ	ヴぇ	ヴょ
						vya	vyi	vyu	vye	vyo
	ぱ	ぴ	ぷ	ぺ	ぽ	ぴゃ	ぴぃ	ぴゅ	ぴぇ	ぴょ
	pa	pi	pu	pe	po	pya	pyi	pyu	pye	pyo
ま行	ま	み	む	め	も	みゃ	みぃ	みゅ	みぇ	みょ
	ma	mi	mu	me	mo	mya	myi	myu	mye	myo
や行	や		ゆ		よ	ゃ		ゅ		ょ
	ya		yu		yo	lya xya		lyu xyu		lyo xyo
ら行	ら	り	る	れ	ろ	りゃ	りぃ	りゅ	りぇ	りょ
	ra	ri	ru	re	ro	rya	ryi	ryu	rye	ryo
わ行	わ	ゐ		ゑ	を	ん				
	wa	wi ※2		we ※3	wo	nn ※4				

※ 1：「n」以外で同じ子音の連続でも入力できます（例：itta → いった）
※ 2：「wi」（うぃ）を変換すれば「ゐ」と入力できます
※ 3：「we」（うぇ）を変換すれば「ゑ」と入力できます
※ 4：「n」に続けて子音でも「ん」と入力できます（例：panda → ぱんだ）

付録4 ホームポジション早見表

素早くタイピングを行うには、いつも指を置く場所を定めておく必要があります。これを「ホームポジション」といい、各指でホームポジションから一定範囲内のキーを押すようにタイピングします。ここでは、ホームポジションと各指で受け持つキー範囲をまとめています。併せて、文字以外の主なキーの説明も掲載しています。タイピングの練習やキーの学習にお役立てください。

半角/全角 キー

［ひらがな］と［半角英数］の入力モードを切り替えるときに使います。

Fn キー

F1～F12キーと組み合わせて押すことで、さまざまな機能を利用できます。

Ctrl キー

ショートカットキーの操作を行なうときに使います。主なショートカットキーは裏表紙に掲載しています。

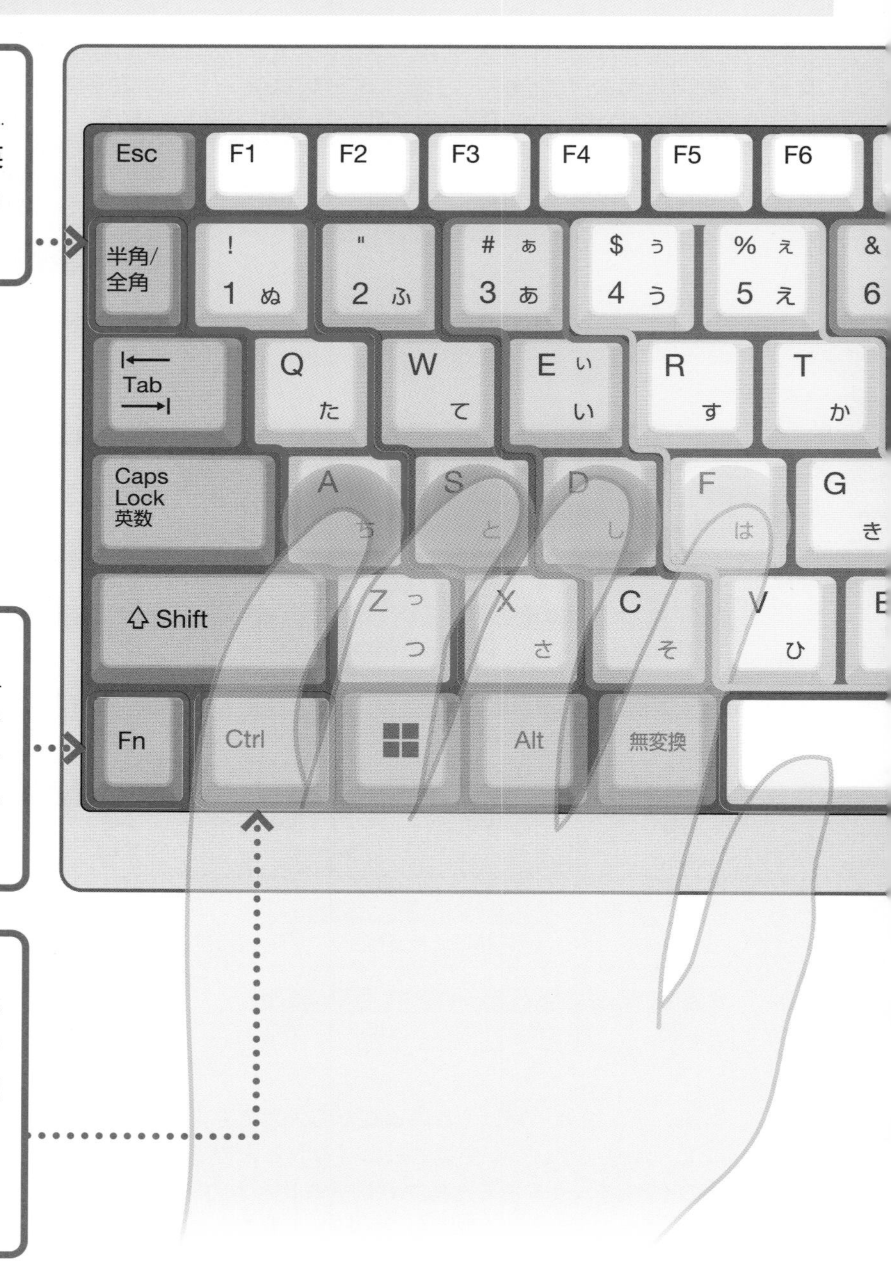

Back space キー

カーソルの左側にある文字を削除するときに使います。

Enter キー

文書の改行や、変換結果を確定するときに使います。

付録

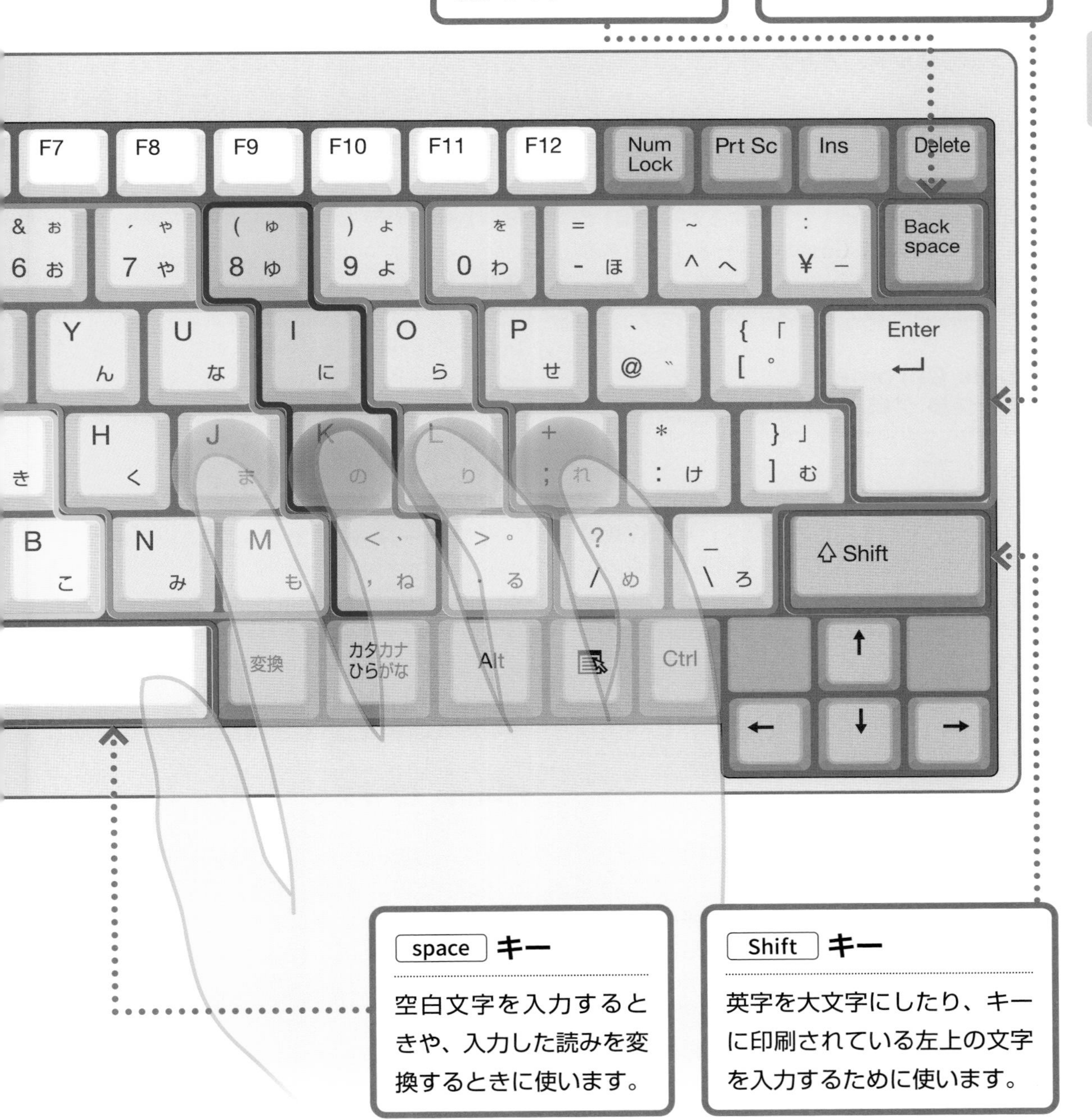

space キー

空白文字を入力するときや、入力した読みを変換するときに使います。

Shift キー

英字を大文字にしたり、キーに印刷されている左上の文字を入力するために使います。

用語集（数字・アルファベット・50音順）

Gmail（ジーメール）

Googleがインターネットで提供しているWebメールサービス。Gmailのアカウントを取得すると無料で利用できる。
➡インターネット、アカウント

Googleアカウント（グーグル アカウント）

Googleの各種サービスを利用するためのIDとパスワードのこと。Gmailのメールアドレスなどとしても利用される。
➡Gmail、メールアドレス、パスワード

Google Chrome（グーグル クローム）

Googleが開発したWebブラウザー。インターネット上のWebページを閲覧するのに利用する。Googleアカウントを登録すれば、複数端末間でお気に入りなどの情報を同期できるのが特徴。
➡Googleアカウント、Webページ、お気に入り

HDD（エイチディディ）

➡ハードディスク

HTML（エイチティーエムエル）

Hyper Text Markup Languageの略。WebページやHTMLメールは、HTMLで記述される。HTMLの内容は「タグ」と呼ばれる命令で書かれ、文字や画像の表示、計算の実行などを指示できる。

IMAP（アイマップ）

インターネット上でやり取りされたメールを読み出すための通信規格の一種。POP3方式ではインターネット上のメールサーバーからメールをダウンロードしてパソコン上で管理するが、IMAP方式ではメールサーバー上に保存されたメールを直接パソコンからアクセスして利用する。
➡POP3、インターネット、メール、メールサーバー

IME（アイエムイー）

Input Method Editorの略。英数字以外の文字をキーボードから入力するために使われるプログラムのこと。日本語、韓国語、中国語などの入力時に使われる。

Internet Explorer（インターネット エクスプローラー）

Windows 10までに標準搭載されていたマイクロソフト製のWebブラウザー。Windows 8.1までは既定のWebブラウザーだった。Windows 11から非搭載となった。
➡Microsoft Edge、Webブラウザー

iTunes（アイチューンズ）

アップルが提供している音楽を再生・管理するためのアプリ。音楽CDの音楽をMP3形式などの音声データに変換してパソコンに取り込み、iPhone、iPadに転送できる。また、取り込んだ音声データから音楽CDを作成することもできる。
➡アプリ

LAN（ラン）

Local Area Network の略。LAN ケーブルや無線通信を利用して、パソコンや周辺機器を接続するネットワークの総称。
➡ネットワーク

Microsoft 365（マイクロソフト サンロクゴ）

マイクロソフトが提供するクラウドサービス。Office や Outlook.com、OneDrive などのサービスを提供する。家庭向けの Microsoft 365 Personal/Family では、月額料金を支払うことで、Word や Excel、Outlook などの Office 製品を利用できる。管理機能やセキュリティ機能が充実した法人向けのサービスもある。
➡ OneDrive、Outlook、Outlook.com

Microsoft Edge（マイクロソフト エッジ）

Windows 11 に搭載されている Web ブラウザー。高機能なのが特徴。コレクションと呼ばれるページの収集機能など、多くの機能を搭載。Google Chrome の拡張機能もインストールできる。
➡ Google Chrome、Web ブラウザー、インストール

Microsoftアカウント（マイクロソフトアカウント）

マイクロソフトのさまざまなオンラインサービスを利用できるアカウント。Web メールの Outlook.com、クラウドストレージの OneDrive など、複数のサービスを 1 つの Microsoft アカウントだけで利用できる。Windows 11 はこれらのオンラインサービスと統合されている。
➡ OneDrive、Outlook.com、アカウント

OneDrive（ワンドライブ）

マイクロソフトが提供するクラウドストレージサービス。インターネット上のサーバーにファイルを保存したり、保存したファイルをほかの人と共有したりできる。
➡インターネット、オンデマンド、クラウド、サーバー、ファイル

Outlook（アウトルック）

マイクロソフトが開発したパソコン用のメールアプリ。Office 製品のひとつとして提供される。
➡アプリ

Outlook.com（アウトルックドットコム）

マイクロソフトが提供している Web メールサービス。outlook.jp や outlook.com などのドメインのメールアドレスを無料で取得して、Microsoft アカウントとして利用できる。Web ブラウザーだけでなく、[メール] アプリなどからもメールを送受信できる。
➡ Microsoft アカウント、アカウント、アプリ、メール、ブラウザー、メールアドレス

PIN（ピン）

Personal Identification Number の略。さまざまな機器やサービスの利用者が本人であることを識別するための暗証番号のこと。4 桁以上の数字が使われる。Windows 11 はあらかじめ自分が決めた PIN でサインインできる。
➡サインイン

用語集

POP（ポップ）

インターネットを利用したメールの通信方式のひとつ。受信メールをインターネット上のサーバーでいったん保管し、それをパソコンにダウンロードする方式となる。明示的に設定しないと、サーバー上にメールが保管されない。

➡インターネット、サーバー、メール

SSD（エスエスディー）

Solid State Driveの略。フラッシュメモリーにデータを記録するストレージ。ハードディスクの代わりにパソコンに搭載されている。ハードディスクに比べて、データの読み書きが高速で、低消費電力・低発熱でもある。

➡ストレージ、ハードディスク

SSID（エスエスアイディー）

Wi-Fiのネットワークを区別するための識別子。自宅と隣の家など、電波が届く範囲にあるネットワークをお互いに区別するため、アクセスポイント（親機）に設定する名前。Service Set IDentifierの略称。

➡アクセスポイント、ネットワーク、無線LAN

USBメモリー（ユーエスビーメモリー）

インターフェースとしてUSBを利用したフラッシュメモリーのこと。数GBから数TB超まで、さまざまな容量の製品がある。パソコンでは外付けのストレージとして使うことができる。

➡ストレージ

Wi-Fi（ワイファイ）

無線による通信を利用してデータの送受信を行なうネットワーク（無線LAN）のこと。スマートフォンやパソコン、ゲーム機など、多くの機器に搭載されていて、Wi-Fiを通じて、インターネットに接続することもできる。なお、Wi-Fiは業界団体が付けたブランド名称である。

➡無線LAN、インターネット、ネットワーク

アカウント

IDとパスワードのこと。インターネットに接続するためのアカウント、Windowsにサインインするためのアカウント、メールサーバーに接続するためのアカウントなど、さまざまな種類がある。

➡アカウント、インターネット、サインイン、メールサーバー

アクセスポイント

Wi-Fiのネットワークを管理する親機のこと。接続先として識別するためのSSIDを管理したり、通信を暗号化するための暗号化設定などを管理したりする。

➡ SSID、Wi-Fi、ネットワーク

アプリ

ワープロソフトや表計算ソフトなど、特定の作業をするためのプログラムのこと。

暗号化キー

Wi-Fiでデータを暗号化するときに利用する文字列。暗号化が設定されたアクセスポイントに接続する場合、アクセスポイントで設定された暗号化キーをパソコンで入力する。

➡ Wi-Fi、アクセスポイント、無線LAN

インストール

アプリをインターネット、またはCD/DVDなどからパソコン内蔵のストレージにコピーして、使えるようにするための作業のこと。セットアップと呼ぶこともある。
➡アプリ、インターネット、コピー、ストレージ、セットアップ

インターネット

世界中のコンピューターを相互に接続したネットワークのこと。電子メールやWebページ、ビデオ会議などのサービスは、インターネットを利用したサービス。
➡ネットワーク、メール

インポート

別のシステムで作成されたデータを取り込んで使えるようにすること。メールの連絡先、ブラウザーのお気に入りなどの移行で利用する。
➡お気に入り

ウィンドウ

デスクトップでアプリやファイル、フォルダーを操作する画面のこと。窓を開けるように操作できる。ウィンドウには作業領域のほかに、メニューやツールバーなどで構成されている。
➡アプリ、デスクトップ、ファイル、フォルダー

エクスプローラー

フォルダーやファイルを管理するための機能。Windows 11ではタスクバーにエクスプローラーのアイコンから起動できる。タブを利用して、1つのウィンドウで複数のフォルダーを切り替えながら表示できる。
➡アイコン、ウィンドウ、タスクバー、タブ、ファイル、フォルダー

エクスポート

アプリに登録されているデータなどを外部ファイルとして出力すること。
➡アプリ

お気に入り

登録したWebページをいつでも簡単に表示させるための機能。お気に入りにWebページを登録すると、URLを入力しなくてもWebページを見ることができる。

拡張子

ファイルの内容を識別する文字列のこと。ファイル名の最後の「.」（ピリオド）以降の部分が拡張子と呼ばれ、ファイル名は「explorer.exe」のように名前と拡張子とで構成される。エクスプローラーの標準の設定では表示されない。
➡エクスプローラー、ファイル

クイックアクセス

エクスプローラーの機能の1つ。よく使うフォルダーが表示され、フォルダーをすばやく開ける。あらかじめ［デスクトップ］や［ドキュメント］などのフォルダーが登録されており、自分でフォルダーを登録することもできる。
➡エクスプローラー、デスクトップ、フォルダー

クラウド

クラウドコンピューティングと呼ばれることもある。さまざまなデータをパソコンに保存するのではなく、インターネットのサービスを利用して、保存したり、活用することを指す。Windowsで利用できるクラウドストレージ「OneDrive」もクラウドサービスの1つ。
➡ OneDrive、インターネット、ストレージ

コピー

文字列やファイルなどを複製するための操作。選択した文字列やファイルをコピーすると、その内容がクリップボードに保存される。内容を複製するには貼り付けを実行する。
➡クリップボード、貼り付け、ファイル

コントロールパネル

Windowsの設定を行なう機能を集めたウィンドウのこと。Windows 11ではほとんどの設定が［設定］の画面から行なうように変更された。
➡ウィンドウ、［設定］

サーバー

インターネット上で特定の情報を保存し、パソコンなどと情報のやり取りをするコンピューターのこと。メールを保存するためのコンピューターをメールサーバー、Webページのサーバーを Webサーバーと呼ぶ。
➡インターネット、メール、メールサーバー

再起動

シャットダウンを行なったあとで、高速スタートアップを無効にした状態からパソコンを起動する機能。電源のオン、オフやシャットダウンのあとで、電源をオンにする方法とは動作が異なる。
➡シャットダウン

サインイン

Windowsやオンラインサービスを利用するための認証手続きのこと。IDとパスワードを入力することで、利用者が特定され利用者専用の画面やサービスが提供される。
➡パスワード

サブスクリプション

定期的に一定の料金を支払うことで利用できる形態のサービスのこと。OfficeやOneDriveを使うためのMicrosoft 365のほか、映画や音楽などをインターネット経由で楽しむためのサービスなどがある。
➡ Microsoft 365、OneDrive

サポート期限

メーカーが定めるユーザーサポートの終了までの期限のこと。サポート期限が切れたOSやアプリは、開発が凍結される。通常、サポート期限の切れたOSやアプリに不具合が見つかっても修正されることはなく、継続して利用することが難しくなる。
➡アプリ

自動再生

パソコンに装着されたメディアの内容を自動的に画面上に表示したり、アプリで開いたりするための機能。CDやDVDを光学ドライブにセットしたときをはじめ、USBメモリーを接続したときなどに通知メッセージが表示され、その後の動作の選択をユーザーに促す。
➡ USBメモリー、アプリ、通知メッセージ

シャットダウン

パソコンの電源を切る前に実行するWindowsの終了処理のこと。未保存のデータを保存したり、起動したプログラムを終了したりといった処理が行なわれる。ほとんどのパソコンは、シャットダウン後に電源も切れる。

ショートカット

別のフォルダーやストレージにあるファイルやアプリを参照するための特別なアイコンのこと。ショートカットのアイコンには矢印が表示される。
➡アイコン、アプリ、ファイル、フォルダー

スタートメニュー

［スタート］ボタンをクリックしたときに表示されるメニューのこと。ここからアプリの起動やWindowsの終了など、基本操作ができる。
➡アプリ

ストレージ

コンピューターで扱うプログラムやデータなどを保存する場所の総称。データのみを格納する場所を指すために使われることもある。ストレージにはハードディスク、SSD、クラウドストレージ、メモリーカードなどさまざまなものがある。
➡ SSD、ハードディスク

スナップレイアウト

画面を左右に分割して、複数のウィンドウを表示できる機能。画面中央の分割バーの位置を左右に移動して、表示幅を調整できる。
➡ウィンドウ

スリープ

Windowsの終了方法の1つ。ディスプレイや機器などへの電源供給を停止し、データ保持に必要な最低限の電力だけを使う状態でパソコンを終了させる。

［設定］

Windows 11でパソコンの各種設定を行なう画面のこと。コントロールパネルと同様に、パソコンやWindowsの動作について、さまざまな設定ができる。
➡コントロールパネル

セットアップ

パソコンのアプリやOSをインストールして、使える状態にする作業のこと。使える状態にしたあとの初期設定作業を含め、セットアップと呼ぶこともある。
➡アプリ、インストール

ダイアログボックス

アプリがユーザーの操作を求めるために表示する小さなウィンドウのこと。ユーザーが適切に応答をすることで操作を続行できる。
➡アプリ、ウィンドウ

タスクバー

デスクトップの最下部に表示される領域のこと。実行中のアプリや表示中のフォルダーがアイコンで表示される。アイコンをクリックして、ウィンドウを切り替えられる。
➡アプリ、ウィンドウ、デスクトップ、フォルダー

タブ

ウィンドウの上部などに表示された表示を切り替えるための見出しのこと。Microsoft Edgeで複数のWebページを見比べたり、エクスプローラーで複数のフォルダーを操作したりと、1つのウィンドウで複数の表示を切り替えながら使うための機能。
➡ Microsoft Edge、Webページ、ウィンドウ、エクスプローラー、フォルダー

通知メッセージ

リムーバブルメディアやデジタルカメラなどをパソコンに接続したときに、画面の右下に表示される四角い通知のこと。通知メッセージをクリックすると、どのような操作をするのかを選択できる。Windows 11では通知メッセージを見逃してしまっても、通知領域から再度確認できるようになっている。
➡通知領域

通知領域

タスクバーの右端にあるアイコンの表示領域のこと。アプリを実行したり、パソコンの状態に変化があると、通知領域に小さなアイコンが表示されることがある。
➡アイコン、アプリ、タスクバー

デスクトップ

アプリやファイルを操作するウィンドウを表示する領域のこと。
➡アプリ、ウィンドウ、ファイル

同期

OneDriveなどクラウドストレージで、サーバー（クラウド）とパソコンなど、複数のデバイスの間で、ファイルなどのデータを同じ状態にすることを「同期」と呼ぶ。
➡クラウド、サーバー、ファイル

ドライブ

ハードディスクやSSD、DVDなど、データを記憶させるための装置の総称。ハードディスクはハードディスクドライブ、DVDはDVDドライブと呼ぶ。
➡ SSD、ハードディスク

ネットワーク

複数のパソコンや周辺機器をLANケーブルや無線LAN（Wi-Fi）などで接続し、データをやり取りできる状態にした範囲のこと。パソコンをネットワークに接続した場合、そのパソコンが利用できる範囲は格段に広がる。
➡ LAN、Wi-Fi、インターネット

ハードディスク

パソコンに搭載されているデータ記憶装置（ストレージ）の一種。高速回転する円盤に磁気を利用して、情報を記録したり、記録された情報を読み取ったりする。
➡ HDD、SSD

パスワード

インターネットのサービスやWindows搭載のパソコンなどを利用するとき、利用者が本人かどうかを確認するための合言葉のこと。パスワード単体で使われることは少なく、ユーザー名など利用者を識別する名称とともに使われる。

貼り付け

ソフトウェアやファイルなどの基本操作の1つ。選択した文字列やファイルをコピーすると、コピーされた内容はクリップボードと呼ばれる場所にいったん保存される。貼り付けを実行すると、コピーしたデータをその場所に貼り付けられる。
➡コピー、ファイル

ピン留め済み

スターメニューの表示項目の1つ。スタートメニュー上に常に表示される状態で固定されているアプリのこと。よく使うアプリを固定しておくと便利。
➡アプリ、スタートメニュー

ファイル

ストレージに保存されたひとまとまりのデータのこと。Windowsでは「ファイル」が「アイコン」として表示される。
➡アイコン、ストレージ、ファイル

フォーマット

ハードディスクやSSD、USBメモリーなどの内容をすべて消去して、初期状態に戻すこと。ファイルやドライブ、データや様式、書式などを指すこともある。ワープロなどでは「書式」と同じ意味で使うこともある。
➡SSD、USBメモリー、ドライブ、ハードディスク、ファイル

フォルダー

複数のファイルをまとめて整理し、保存するしくみのこと。ファイルが「書類」だとすると、フォルダーは「書類ケース」にたとえられる。フォルダーは階層構造になっていて、フォルダーの中にさらに新しいフォルダーを作れる。
➡ファイル

フリーソフト

インターネットで自由にダウンロードできるソフトウェア（オンラインソフト）のうち、無料で使えるもの。
➡インターネット

ブラウザー（ブラウザー）

Webページを閲覧するためのアプリ。Windows 11にはMicrosoft Edgeが搭載されている。
➡Microsoft Edge、アプリ

プログラム

コンピューターがどのような命令で動けばいいのかを示した指示書のようなもの。すべてのアプリやOSは、プログラムである。
➡アプリ

プロバイダー

インターネット接続サービスを提供する会社のこと。プロバイダーと契約し、接続に必要なアカウントの発行を受けることで、インターネットに接続できるようになる。
➡アカウント、インターネット

プロパティ

プロパティ（Property）は「性質」や「特性」という意味。パソコンではファイルやフォルダーなどの特性などを表す情報のこと。たとえば、「ファイルのプロパティ」ではファイルの種類や保存場所、サイズなどの情報が表示される。
➡ファイル、フォルダー

ホームページ

Webブラウザーで閲覧できる情報のこと。「Webページ」とも呼ばれる。元々はWebブラウザーに最初に表示されるページを示す言葉だったが、ページのもっとも上位にあるページを示す「トップページ」と混用されたのち、現在の意味に転じた。

無線LAN（ムセンラン）

ケーブルを使わずに、電波を使って通信するLANのこと。Wi-Fi、ワイヤレスLANと呼ばれることもある。
➡LAN、Wi-Fi

用語集

メールアドレス

インターネットでメールをやり取りするときに使うアドレス（宛先）のこと。宛先のメールアドレスが間違っていると、相手にメールは届かない。

➡インターネット、メール

メールサーバー

メールの送信や受信などの機能を提供するインターネット上のサーバーのこと。受信サーバー（POPサーバーやIMAPサーバー）、送信サーバー（SMTPサーバー）など、機能ごとに用意されることもある。

➡インターネット、サーバー

ユーザーアカウント

パソコンのユーザーを識別するためのIDとパスワードのこと。Windowsでは主にMicrosoftアカウントをユーザーアカウントとして利用する。ユーザーアカウントはそのパソコンに対して実行できる権限により、管理者と標準ユーザーに区別される。

➡ Microsoftアカウント、アカウント

リボン

Officeやワードパッドなどのアプリに表示される画面上部の領域のこと。用途に合わせてタブが表示され、状況に応じた操作項目がリボンに表示されるため、適切な操作を選べる。

➡アプリ

ルーター

ネットワーク間を接続するハードウェア。1つのネットワークにルーターを組み合わせることで、複数台のパソコンをインターネットに一度に接続できる。Wi-Fiの親機として利用できる機種もある。

➡ Wi-Fi、ネットワーク

ローカルアカウント

Windows内のみで管理されるユーザーアカウントのこと。Microsoftアカウントに関連付けされていない個々のパソコンで動作する従来のWindowsにおけるユーザー名とパスワードに該当する。Microsoftアカウントと紐づけされるマイクロソフトのサービスを利用できないなど、Windowsの一部機能の利用に制限がある。

➡ Microsoftアカウント、パスワード

ロック

Windowsの画面を切り替え、操作できない状態にすること。あらかじめパスワードやPINを設定しているときは、それらを入力して、ロックを解除する。これによって第三者にパソコンを不正利用される可能性が低くなる。

➡ PIN、パスワード

ロック画面

パソコンが不正に利用されるのを防ぐための画面。パソコンをロックすることが目的なので「ロック画面」と呼ばれる。ロック画面はWindowsの起動直後やユーザーがサインアウトしたときに表示される。

➡サインアウト、ロック

索 引

アルファベット

ア

カ

サ

タ

ナ

索引

ハ

マ

ヤ・ラ

本書を読み終えた方へ

できるシリーズのご案内

※1:当社調べ ※2:大手書店チェーン調べ

パソコン関連書籍

できるWindows 11 2023年 改訂2版 特別版小冊子付き

法林岳之・一ヶ谷兼乃・清水理史&できるシリーズ編集部
定価:1,100円
(本体1,000円+税10%)

最新アップデート「2022 Update」に完全対応。基本はもちろんエクスプローラーのタブ機能など新機能もわかる。便利なショートカットキーを解説した小冊子付き。

できるWindows11 パーフェクトブック 困った!&便利ワザ大全

法林岳之・一ヶ谷兼乃・清水理史&できるシリーズ編集部
定価:1,628円
(本体1,480円+税10%)

基本から最新機能まですべて網羅。マイクロソフトの純正ツール「PowerToys」を使った時短ワザを収録。トラブル解決に役立つ1冊です。

できるゼロからはじめるワード超入門 Office 2021& Microsoft 365対応

井上香緒里&できるシリーズ編集部
定価:1,100円
(本体1,000円+税10%)

「超」初心者に最適なワードの入門書。文字入力から印刷までを大きな画面と文字で丁寧に解説。豊富なサンプルでさまざまな文書が作成できる!

できるゼロからはじめるエクセル超入門 Office 2021& Microsoft 365対応

柳井美紀&できるシリーズ編集部
定価:1,100円
(本体1,000円+税10%)

大きな画面と文字で読みやすい、「超」初心者に最適なエクセルの入門書。データの入力から表やグラフの作成方法まで、この1冊でよくわかる!

できるWord & Excel 2021 Office2021 & Microsoft 365両対応

田中亘・羽毛田睦土&できるシリーズ編集部
定価:2,156円
(本体1,960円+税10%)

WordとExcelの基本的な使い方から仕事に役立つ便利ワザまで、1冊でまるごとわかる! すぐに使える練習用ファイル付き。

できるPowerPoint 2021 Office2021 & Microsoft 365両対応

井上香緒里&できるシリーズ編集部
定価:1,298円
(本体1,180円+税10%)

PowerPointの基本操作から作業を効率化するテクニックまで、役立つノウハウが満載。この1冊でプレゼン資料の作成に必要な知識がしっかり身に付く!

読者アンケートにご協力ください！

https://book.impress.co.jp/books/1122101154

このたびは「できるシリーズ」をご購入いただき、ありがとうございます。
本書はWebサイトにおいて皆さまのご意見・ご感想を承っております。
気になったことやお気に召さなかった点、役に立った点など、
皆さまからのご意見・ご感想をお聞かせいただき、
今後の商品企画・制作に生かしていきたいと考えています。
お手数ですが以下の方法で読者アンケートにご回答ください。
ご協力いただいた方には抽選で毎月プレゼントをお送りします！

※プレゼントの内容については、「CLUB Impress」のWebサイト（https://book.impress.co.jp/）をご確認ください。

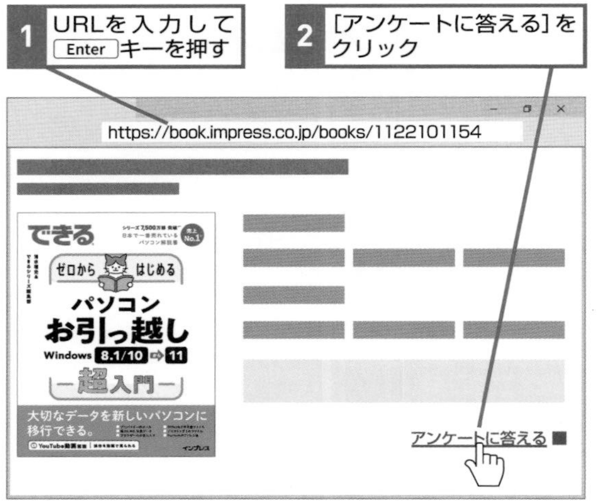

※Webサイトのデザインやレイアウトは変更になる場合があります。

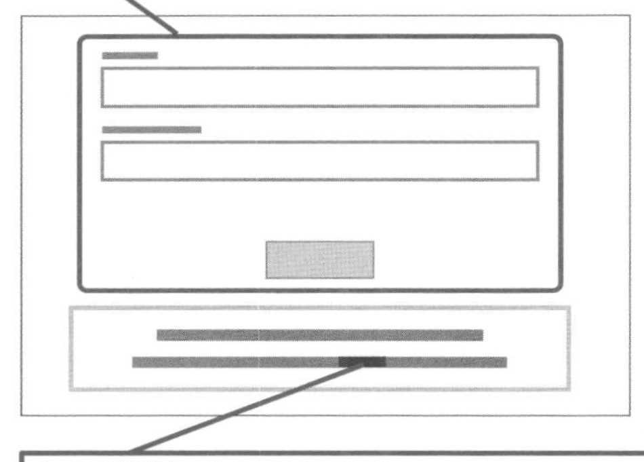

本書のご感想をぜひお寄せください https://book.impress.co.jp/books/1122101154

「アンケートに答える」をクリックしてアンケートにご協力ください。アンケート回答者の中から、抽選で**図書カード（1,000円分）**などを毎月プレゼント。当選者の発表は賞品の発送をもって代えさせていただきます。はじめての方は、「CLUB Impress」へご登録（無料）いただく必要があります。　※プレゼントの賞品は変更になる場合があります。

読者登録サービス CLUB Impress

アンケートやレビューでプレゼントが当たる！

■著者

清水理史（しみず　まさし）shimizu@shimiz.org

1971年東京都出身のフリーライター。雑誌やWeb媒体を中心にOSやネットワーク、ブロードバンド関連の記事を数多く執筆。「INTERNET Watch」にて「イニシャルB」を連載中。主な著書に『できるWindows 11パーフェクトブック困った！＆便利ワザ大全 2023年 改訂2版』『できるWindows 11 2023年 改訂2版』『できるZoom ビデオ会議やオンライン授業、ウェビナーが使いこなせる本 最新改訂版』『できるChromebook 新しいGoogleのパソコンを使いこなす本』『できるはんこレス入門PDFと電子署名の基本が身に付く本』『できる 超快適Windows 10パソコン作業がグングンはかどる本』『できるテレワーク入門在宅勤務の基本が身に付く本』などがある。

STAFF

本文オリジナルデザイン　川戸明子
シリーズロゴデザイン　山岡デザイン事務所<yamaoka@mail.yama.co.jp>
カバーデザイン　山之口正和・齋藤友貴（OKIKATA）
カバーイラスト　亀山鶴子
本文フォーマット＆デザイン　町田有美
本文イメージイラスト　町田有美
本文テクニカルイラスト　松原ふみこ・福地祐子・町田有美
DTP制作　町田有美・田中麻衣子
校正　株式会社トップスタジオ

デザイン制作室　鈴木　薫<suzu-kao@impress.co.jp>
制作担当デスク　柏倉真理子<kasiwa-m@impress.co.jp>

編集制作　高木大地

編集　小野孝行<ono-t@impress.co.jp>
編集長　藤原泰之<fujiwara@impress.co.jp>

オリジナルコンセプト　山下憲治

■商品に関する問い合わせ先

このたびは弊社商品をご購入いただきありがとうございます。本書の内容などに関するお問い合わせは、下記のURLまたは二次元バーコードにある問い合わせフォームからお送りください。

https://book.impress.co.jp/info/

上記フォームがご利用頂けない場合のメールでの問い合わせ先

info@impress.co.jp

※お問い合わせの際は、書名、ISBN、お名前、お電話番号、メールアドレス に加えて、「該当するページ」と「具体的なご質問内容」「お使いの動作環境」を必ずご明記ください。なお、本書の範囲を超えるご質問にはお答えできないのでご了承ください。

●インプレスブックスの本書情報ページ https://book.impress.co.jp/books/1122101154 では、本書のサポート情報や正誤表・訂正情報などを提供しています。あわせてご確認ください。
●本書の奥付に記載されている初版発行日から1年が経過した場合、もしくは本書で紹介している製品やサービスについて提供会社によるサポートが終了した場合はご質問にお答えできない場合があります。

■落丁・乱丁本などの問い合わせ先

FAX　03-6837-5023

service@impress.co.jp

※古書店で購入された商品はお取り替えできません。

できるゼロからはじめるパソコンお引っ越し
Windows 8.1/10⇒11 超入門

2023年4月1日　初版発行

著　者　清水理史 & できるシリーズ編集部

発行人　小川 亨

編集人　高橋隆志

発行所　株式会社インプレス
〒101-0051　東京都千代田区神田神保町一丁目105番地
ホームページ　https://book.impress.co.jp/

印刷所　株式会社広済堂ネクスト

ISBN978-4-295-01632-8 C3055

Printed in Japan